横断山区大气科学野外认知实习指导书

金莉莉　袁俊鹏　苏　秦　编

气象出版社
China Meteorological Press

内容简介

本书是云南省高等学校大学本科大气科学专业野外认知实习的指导教程。全书内容分6章。介绍了实习总体设计、实习区概况、实习路线、实习分区、实习方法和实习报告编写。针对大气科学实习的实际，分别对云南昆明地区、大理地区、高黎贡山、丽江地区和香格里拉地区等五个实习区的自然地理概况、代表性实习路线、各观测点实习内容等进行了详细介绍。全书每章均设置思考题，便于学生研究学习。

本书重点突出、内容丰富，可作为高等院校大气科学、地理科学、资源科学等相关专业野外实习的教学参考书，还可供云南地区科普、野外考察、修学等人士阅读使用。

图书在版编目（CIP）数据

横断山区大气科学野外认知实习指导书 / 金莉莉，袁俊鹏，苏秦编. -- 北京 : 气象出版社，2024. 11.
ISBN 978-7-5029-8344-4

Ⅰ. P4-45

中国国家版本馆 CIP 数据核字第 2024QY7264 号

横断山区大气科学野外认知实习指导书

Hengduan Shanqu Daqi Kexue Yewai Renzhi Shixi Zhidaoshu

出版发行： 气象出版社

地　　址： 北京市海淀区中关村南大街46号　　**邮政编码：** 100081

电　　话： 010-68407112（总编室）　010-68408042（发行部）

网　　址： http://www.qxcbs.com　　**E-mail：** qxcbs@cma.gov.cn

责任编辑： 黄红丽　郑乐乡　　**终　　审：** 张　斌

责任校对： 张硕杰　　**责任技编：** 赵相宁

封面设计： 地大彩印设计中心

印　　刷： 北京建宏印刷有限公司

开　　本： 720 mm×960 mm　1/16　　**印　　张：** 8.25

字　　数： 166千字

版　　次： 2024年11月第1版　　**印　　次：** 2024年11月第1次印刷

定　　价： 55.00元

前　　言

云南自然地理环境、气候条件和天气系统复杂，是开展大气科学野外认知实习的理想之地，也是科研科普、野外考察、户外探险选择的基地。

本教材共分 6 章，书中很多实习点和实习内容是云南大学地球科学学院领导和大气科学系老师们与地方气象部门多年大气科学实践教学经验的积累，并以此为基础，拓展相关内容编写而成。云南大学 2021 级大气科学专业本科生于 2023 年 7 月 10—15 日在实习指导老师（金莉莉、赵恺辉、刘光鑫）的带领下，完成了昆明和大理地区的大气科学认知实习实践，这是云南大学大气科学本科专业第一次系统性地集体实习，充分补充了本书的素材和教学内容。同时，在编写过程中，昆明市气象台台长李晓鹏、昆明市太华山气象站站长刘金福、大理市气象局正高级工程师徐安伦、大理市气象局高级工程师苏锦兰、腾冲市气象局局长赵斌、腾冲市气象局助理工程师王一提供了很多素材；临沧市气象局高级工程师李振杰制作了实习站点地形图；云南大学大气科学 2021 级本科生李航协助整理了 5.2 和 5.3 部分。本教材由 2024 年云南大学教材出版基金资助，袁俊鹏教授和苏秦副教授提供了诸多思路和帮助，在此一并表示感谢。同时，感谢昆明市气象局、大理州气象局、大理国家观象台、怒江州气象局、香格里拉市气象局、云南丽江森林生物多样性国家野外科学观测研究站和丽江玉龙雪山冰冻圈与可持续发展国家野外科学观测研究站为大气科学认知实习提供的平台和帮助。

本书的素材大部分来自于前人的研究成果、总结等，每章尽量标出文献出处，但由于教材编写仓促和水平有限，不妥和疏漏之处在所难免，敬请读者批评指正。

作者

2024 年 1 月

目 录

第 1 章　实习总体设计

1.1　实习总则

大气科学是研究大气的各种现象(包括人类活动对它的影响)及其演变规律，以及如何利用这些规律为人类服务的一门学科。大气科学是地球科学的一个组成部分。它的研究对象主要是覆盖整个地球的大气圈。此外，还研究太阳系其他行星的大气。大气圈，特别是地球表面的低层大气，以及和它相关的水圈、岩石圈、生物圈是人类赖以生存的主要环境。

大气圈不是孤立的。在空间和时间上具有宽广尺度谱的各种大气现象也不是孤立的。它们种类繁多，相互叠加又相互影响。即使同一类现象，其结构也不尽相同。影响这些大气现象的因素非常复杂，人类至今还很难在实验室内用人工控制的方法对它们进行完整的实验和研究。只能以大自然为实验室，组织从局地到全球的气象观测网，运用多种观测手段(如气象卫星、气象雷达、飞机等)对大气现象进行长期的连续的观测，特别是定量的观测，以获取资料；对有关气候现象还需搜集地质考查、考古发掘和历史文献等资料。

大气科学家们通过对大量资料的分析和综合，提炼出参量与参量之间的定性的或定量的关系，归纳出典型现象的模式特征，如锋面、气旋、大气长波等，在模式的基础上运用已知的物理学和化学的基本原理以及数学工具和计算技术进行理论上的演绎和模拟，导出新的结论。理论模式是否合理，还需回到大自然的实验室中进行检验，有些理论模式还有待于新的观测资料加以证实。经实践检验的理论才可指导实践(如指导天气预报等)。大气科学正是通过大自然这个实验室，遵循观测(实践)—理论—观测(实践)这个基本法则不断发展，不断为社会的生产和人类的生活服务的。因此，野外认知实习是大气科学教学环节的有机组成部分。野外认知实习，一方面能够结合实地考察和实际应用加深和巩固对课堂知识和教材内容的理解；另一方面是学习大气科学的基本方法、基本原理、基本程序和研究手段、技巧，以及综合分析大气现象及其大气科学与其他圈层相互联系、相互作用的重要途径。

大气科学野外认知实习是大气科学学科建设与发展、教学方法和模式的转变，是对课堂知识的理解和深化，是课堂教学效果的检验，是学校、教师和学生接触社会的机会，是培养学生观察能力、实践能力、创新能力、团结协作能力、独立研究能力等综合素质的重要环节。

野外认知实习弥补了课堂教学中的不足，给学生提供认识、感受、探索的机会，便于学生把理论知识与实践相结合，从而巩固所学的理论知识。通过实地调研、观察和思考来了解原理、掌握方法、熟悉流程、探究规律、分析成因、应用成果，可以培养学生的感性认知，培养学生获取信息、处理信息和应用信息的能力，培养学生之间、学生与社会组织部门之间的沟通能力，提高学生发现问题、分析问题、解决问题的能力，有利于激发学生认识大气、探索大气、研究大气的兴趣，有利于学生创新思维和创造力的发展，是树立献身大气科学事业态度的重要环节，在培养学生综合素质方面具有重要的教育价值和意义。

1.2 实习目的

大气科学野外认知实习是为大气科学专业一或二年级学生在第二学期末开设的实习课程，实习时间为1～2周。实习指导教师应根据培养方案的总体要求和实际情况，提前制订出切实可行的实习计划。

大气科学野外认知实习是使学生掌握大气科学研究方法、思路和应用的重要教学环节，主要以培养学生掌握调查、观察，培养学生分析能力和大气科学知识和方法综合应用为目的，建立学生区域差异和具体问题具体分析的思维体系。

1.3 实习教学目标

(1)知识目标：全面了解各实习分区自然地理、天气气候和气象灾害的基本特征，了解气象发展历程及贡献，了解各类气象观测、业务流程和气象服务，了解天气现象基本特征及其与气象要素之间的关系，了解气象各要素之间的相互关系和影响机理，了解人类活动对天气、气候和大气环境的影响，从综合性角度对所学专业知识进行全面复习和巩固，将课本知识落到实处。

(2)能力目标：通过野外认知实习，提高学生的观察能力、分析能力和动手能力，锻炼学生获取信息、分析信息和处理信息的能力，以及在实习过程中善于运用计算机编写程序和绘制图形的能力。

(3)情感目标:野外认知实习路途较远,实习过程中,可以培养学生的大局意识、安全意识和组织、协调沟通能力,提升学生的团结协作、团结友爱等精神品质。

1.4　实习计划

1.4.1　准备阶段

通过事先实际踩点的方式,根据实习区域的实际情况和实习经费等确定实习地点和路线,确定具体的实习内容和日程,做好交通和食宿安排。成立实习领导小组和实习指导教师小组,全面负责实习工作的落实,对学生进行分组,每组约 6 名学生。出发之前,实习领导小组和实习指导教师对学生进行充分的实习动员,强调野外实习的目的、意义、原则、要求、日程安排、注意事项、纪律要求、考核内容和方式,确保实习任务圆满完成。

(1)强调实习的重要性。野外认知实习是理论知识的巩固和验证,是丰富专业知识、拓展视野的有效渠道,是培养学生野外观测、调研、科研思维和学科兴趣的重要途径。

(2)介绍实习总体安排。向学生宣讲实习区基本概况、实习路线、实习总体安排,使学生有个大概了解。提醒学生事先准备好观测记录簿、铅笔等工具,并且妥善保管好。准备好相应的图文资料、学习用品、生活用品和常备药品等。

(3)安全性和组织纪律性教育。野外实习期间,树立安全意识,一切听从实习指导教师的指挥,不得擅自决定独立行动,不允许喝酒、不乱吃东西、不吸烟玩火。了解当地文化,尊重当地民俗,遵守各单位的规章制度。外出必须向实习指导教师请假,每天 22:00(北京时间)前必须回到住宿地点,并向实习指导教师报告销假。

(4)实习过程的基本要求。在实习过程中,多观察、多思考、多听、多问,认真做好笔记。

1.4.2　实习阶段

(1)带队教师需要在每日实习前和实习结束清点学生人数,在前一天安排好次日的实习项目、实习路线和实习任务,每日实习结束做好当日实习小结和实习要点的梳理。

(2)带队教师要在实习现场对学生进行引导和讲授,培养学生的观察能力、思考能力、识别能力和解决问题的能力。通过现场提问和讨论等方式来获取学生对知识掌握程度的反馈,及时解答学生的提问。

(3)带队教师要在实习过程中融入思政教育，培养学生德智体美劳全面发展，培养合格的气象接班人。

1.5 实习资料整理

(1)注意收集和整理实习过程中大量的图片和视频资料，如，实习过程中拍摄的实习区自然景观、实习区气象台站外貌、观测设备、观测步骤和观测数据等，为实习报告撰写做准备。

(2)注意记录和整理实习过程中的学习内容、疑问和数据，分类整理，如，实习地点的经纬度、海拔高度、植被类型、土壤类型、天气状况、作物长势、气象站基本布局、观测种类等。

1.6 实习报告撰写

(1)完成实习日志——野外大气观测点记录表(每天 1 份)(见附录 A)。

(2)完成地面气象观测簿(1 份)(见附录 B)。

(3)完成农气簿(1 份)(见附录 C)

(4)完成综合实习报告(1 份)(见第 6 章)。

1.7 实习成绩评定

实习成绩由过程性考核 1(占 30 分)、过程性考核 2(占 30 分)和综合实习报告(占 40 分)三部分组成。

过程性考核 1 包括：(1)实习日志(占 30%)；(3)地面气象观测记录表(占 40%)；(4)农业气象观测记录表(占 20%)；(5)回答老师的提问(10%)。

过程性考核 2 包括：每条实习路线的课后作业。

第 2 章　实习区概况

2.1　地理位置

实习区位于云南省境内，见图 2.1。云南省地处中国西南边陲，位于 21°8′32″—29°15′8″N，97°31′39″—106°11′47″E，北回归线横贯南部。云南东部与贵州省、广西壮族自治区为邻，北部和西北部同四川省、西藏自治区相连，西部同缅甸接壤，南部与老

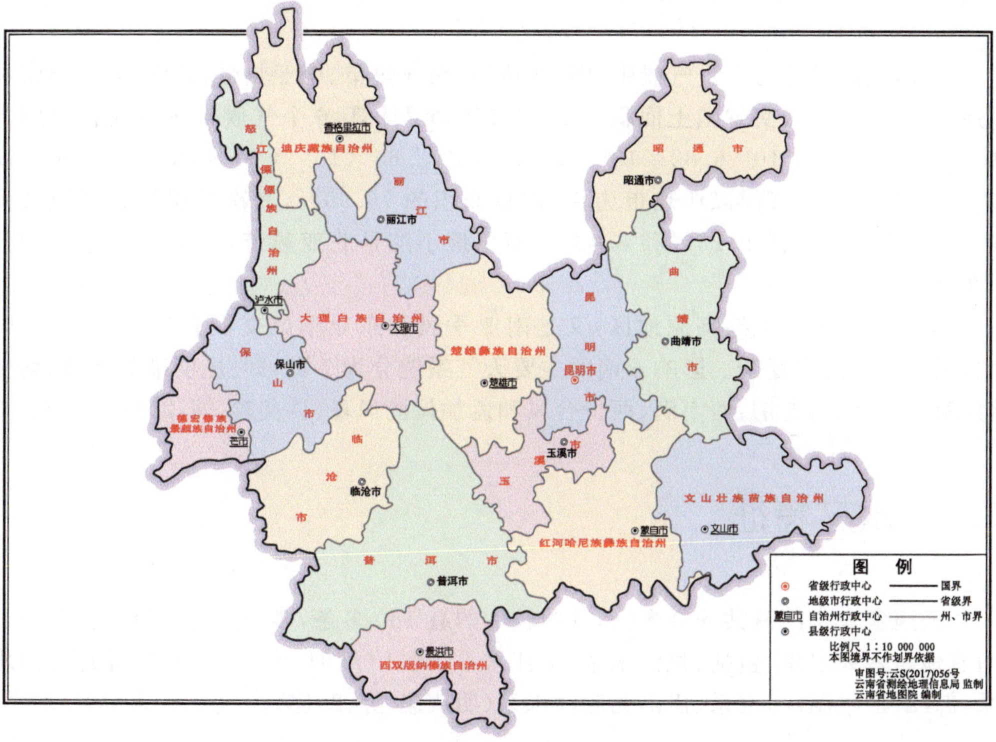

图 2.1　云南省地理位置

挝、越南毗连。从整个位置看，北依广袤的亚洲大陆，南临辽阔的孟加拉湾(距离不到700 km)和南海(距离不到400 km)，正好处在东亚季风和南亚季风交汇区域，西北又受青藏高原大地形影响，形成了复杂多样的自然地理环境和气候条件。云南全境东西最大横距864.9 km，南北最大纵距990 km，总面积39.41×10^4 km^2，占全国陆地面积的4.1%，居全国第8位(许美玲 等，2011)。

云南是一个高原山区省份，属青藏高原南延部分。全省整个地势西北高东南低，江河顺着地势，成扇形分别向东、东南和南流去。云南地形以元江谷地和云岭山脉南段的宽谷为界，分为东西两大地形区。东部为滇东、滇中高原，称云南高原，系云贵高原的组成部分，地形波状起伏，平均海拔2000 m左右。西部为横断山脉纵谷区，高山深谷相间，相对高差较大，地势险峻，海拔一般为1500～2200 m，北部为3000～4000 m。在西南部边境地区，地势渐趋缓和，河谷开阔，一般海拔为800～1000 m，个别地区下降至500 m以下，是云南省主要的热带、亚热带地区(许美玲 等，2011)。

2.2 气候特征

云南大致可分为6个气候带，即：北热带、南亚热带、中亚热带、北亚热带、温带和高原气候带。按云南省国土面积39.41×10^4 km^2计算，6个气候带所占面积分别为1.31×10^4、8.66×10^4、6.82×10^4、15.65×10^4、3.65×10^4、3.31×10^4 km^2。从气候区划结果看，云南气候以亚热带为主，占总面积的78.99%，其次是温带和高原气候带，分别占总面积的9.26%和8.43%，面积最小的是北亚热带，占总面积的3.32%(许美玲 等，2011)。

由于云南地处低纬高原地区，又是南亚季风和东亚季风交汇和显著影响区，因此，天气系统比较复杂。影响云南的主要天气系统分为7类，即：昆明准静止锋、切变线、两高辐合、南支槽、西南涡、西行台风和孟加拉湾风暴(许美玲 等，2011)。

2.3 水文特征

云南省大小河流共600多条，其中较大的有180多条，多为入海河流的上游。云南省地跨六大水系，包括：长江水系、珠江水系、元江(红河)水系、澜沧江(湄公河)水系、怒江(萨尔温江)水系、伊洛瓦底江水系(明庆忠 等，2016)。

第 3 章　实习路线

共有 3 条实习路线，12 个实习点，具体位置见图 3.1。

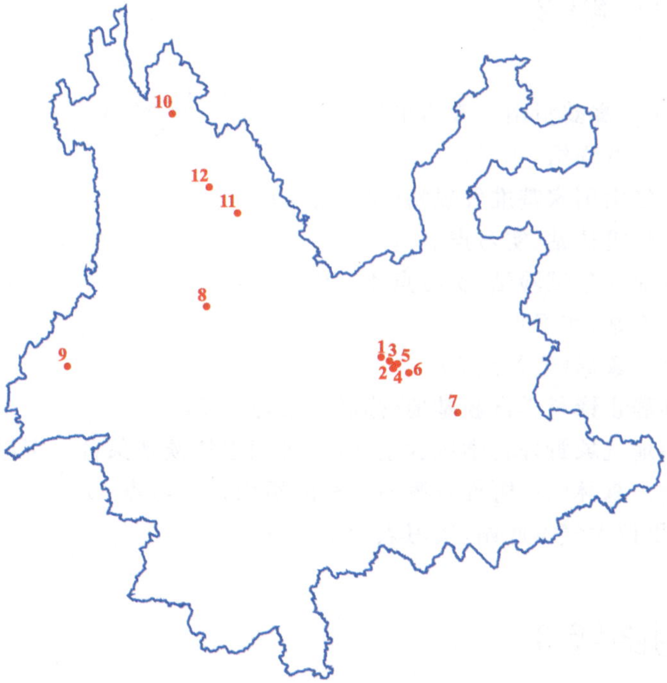

图 3.1　实习点分布图

3.1　实习路线 1

昆明—大理

(1)云南气象博物馆(实习点 1)

(2)昆明太华山国家基准气候站(实习点 2)
(3)昆明天气雷达站(实习点 3)
(4)昆明农业气象试验站(实习点 4)
(5)昆明探空站(实习点 5)
(6)昆明市气象局(实习点 6)
(7)昆明准静止锋科学试验基地(弥勒)(实习点 7)
(8)大理山地气象野外科学试验基地(大理国家气候观象台)(实习点 8)

3.2 实习路线 2

昆明—大理—高黎贡山—香格里拉
(1)云南气象博物馆(实习点 1)
(2)昆明太华山国家基准气候站(实习点 2)
(3)昆明天气雷达站(实习点 3)
(4)昆明农业气象试验站(实习点 4)
(5)昆明探空站(实习点 5)
(6)昆明市气象局(实习点 6)
(7)昆明准静止锋科学试验基地(弥勒)(实习点 7)
(8)大理山地气象野外科学试验基地(大理国家气候观象台)(实习点 8)
(9)高黎贡山森林生态野外观测站(腾冲、贡山)(实习点 9)
(10)香格里拉大气本底站(实习点 10)

3.3 实习路线 3

昆明—大理—高黎贡山—香格里拉—丽江
(1)云南气象博物馆(实习点 1)
(2)昆明太华山国家基准气候站(实习点 2)
(3)昆明天气雷达站(实习点 3)
(4)昆明农业气象试验站(实习点 4)
(5)昆明探空站(实习点 5)
(6)昆明市气象局(实习点 6)
(7)昆明准静止锋科学试验基地(弥勒)(实习点 7)

(8)大理山地气象野外科学试验基地(大理国家气候观象台)(实习点 8)

(9)高黎贡山森林生态野外观测站(腾冲、贡山)(实习点 9)

(10)香格里拉大气本底站(实习点 10)

(11)云南丽江森林生物多样性国家野外科学观测研究站(实习点 11)

(12)丽江玉龙雪山冰冻圈与可持续发展国家野外科学观测研究站(实习点 12)

第4章 实习分区

4.1 昆明地区

4.1.1 地理位置

昆明，别称春城，是云南省省会。截至 2019 年，全市下辖 7 个区、3 个县、代管 1 个县级市和 3 个自治县，总面积 21473 km^2，建成区面积 483.52 km^2，常住人口 695 万人，城镇人口 511.52 万人，城镇化率 73.6%。昆明地处中国西南地区、云贵高原中部，具有“东连黔桂通沿海，北经川渝进中原，南下越老达泰柬，西接缅甸连印巴”的独特区位。

昆明市中心海拔约 1891 m。拱王山马鬃岭为昆明境内最高点，海拔 4247.7 m，金沙江与普渡河汇合处为昆明境内最低点，海拔 746 m。市域地处云贵高原，总体地势北部高，南部低，由北向南呈阶梯状逐渐降低。中部隆起，东西两侧较低。以湖盆岩溶高原地貌形态为主，红色山原地貌次之。大部分地区海拔在 1500～2800 m 之间(图 4.1)。

4.1.2 气候概况

昆明地处低纬高原而形成“四季如春”的气候，享有“春城”的美誉。根据昆明市气象站 1961—2018 年观测资料统计，昆明市年均气温为 15.21 ℃，年平均气温最高为 16.68 ℃(2005 年)，年平均气温最低为 13.62 ℃(1971 年)；一年中，气温 6 月和 7 月最高(20.05 ℃)、1 月最低(8.43 ℃)(图 4.2)。

年平均降水量为 999.83 mm，年平均降水量最大为 1449.9 mm(1999 年)，年平均降水量最小为 565.8 mm(2009 年)；一年中，降水量 7 月最多(206.12 mm)、2 月最少(12.05 mm)(图 4.2)。

年平均蒸发量为 1813.05 mm，年平均蒸发量最大为 2277.00 mm(1969 年)，年平均蒸发量最小为 826.50 mm(2017 年)；一年中，蒸发量 4 月最大(242.78 mm)、11 月最小(100.39 mm)(图 4.2)。

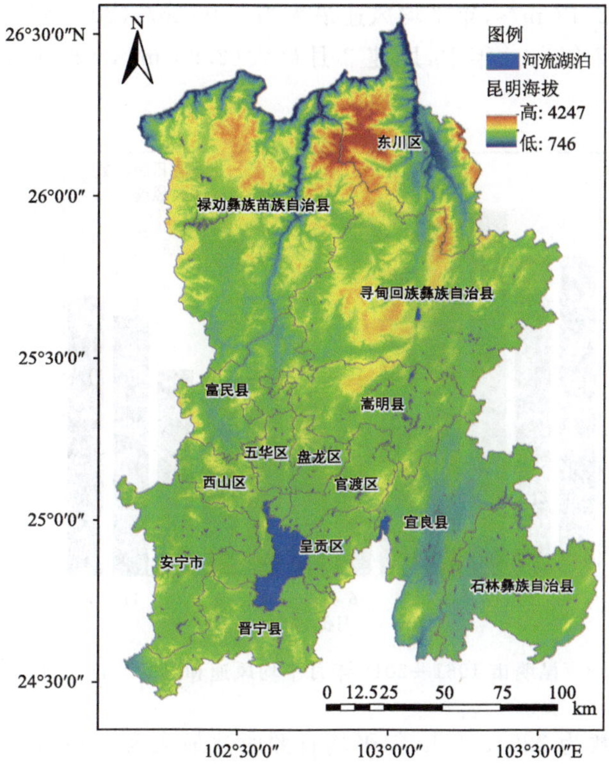

图 4.1 昆明地形图

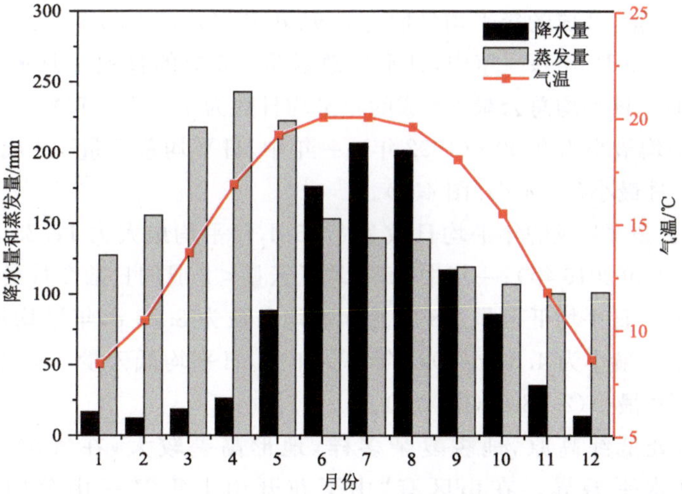

图 4.2 昆明市 1961—2018 年月平均气温、月总降水量和月总蒸发量

年平均风速为 2.17 m/s，年平均风速最大为 3.00 m/s(2010 年)，年平均风速最小为 1.32 m/s(1997 年)；一年中，风速 3 月最大(2.95 m/s)、8 月最小(1.51 m/s)(图 4.3)。

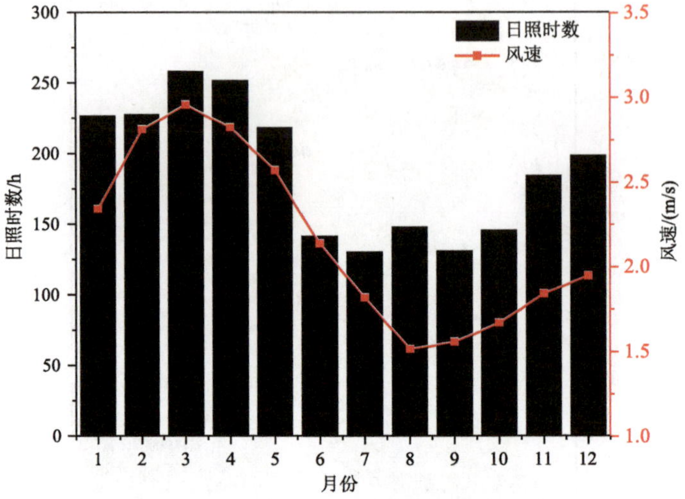

图 4.3　昆明市 1961—2018 年月平均风速和月平均日照时数

年平均日照时数为 2221.55 h，年平均日照时数最大为 2708.50 h(1963 年)，年平均日照时数最小为 1906.10 h(1990 年)；一年中，日照时数 3 月最大(258.23 h)、7 月最小(130.45 h)(图 4.3)。

日平均总云量<2 成的年平均日数为 5.94 d，年平均最大为 8.42 d(1969 年)，年平均最小为 1.33 d(2016 年)；一年中，日平均总云量<2 成的日数 1 月最大(13.32 d)、7 月最小(0.23 d)。日平均总云量>8 成的年平均日数为 11.75 d，年平均最大为 26.83 d(2016 年)，年平均最小为 9.00 d(1992 年)；一年中，日平均总云量>8 成的日数 7 月最大(22.72 d)、2 月最小(3.54 d)(图 4.4)。

日平均低云量<2 成的年平均日数为 8.15 d，年平均最大为 11.25 d(1966 年)，年平均最小为 1.42 d(2016 年)；一年中，日平均低云量<2 成的日数 3 月最大(16.05 d)、7 月最小(0.81 d)。日平均低云量>8 成的年平均日数为 8.29 d，年平均最大为 26.42 d(2016 年)，年平均最小为 4.00 d(1992 年)；一年中，日平均低云量>8 成的日数 7 月最大(14.21 d)、2 月最小(2.68 d)(图 4.4)。

但昆明地处低纬高原，地貌复杂多样，地形高差较大，在气候上存在着明显的垂直差异和水平差异。在山区有“山下花开山上雪”“一山分四季、十里不同天”的景象。

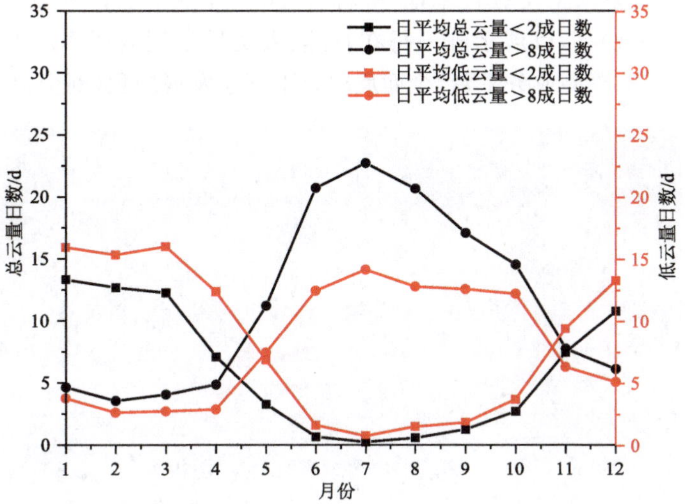

图 4.4　昆明市 1961—2018 年日平均总云量<2 成,日平均总云量>8 成,日平均低云量<2 成,日平均低云量>8 成的日数

4.1.3　主要实习点和实习内容概况

4.1.3.1　实习路线一(云南气象博物馆和一得广场—昆明太华山国家基准气候站)

从云南大学呈贡校区出发,沿着昆明市彩云南路—昆磨高速—南绕城高速—石安公路—西山旅游专线到达西山停车场,然后步行 500 m 左右到达云南省气象博物馆(实习点 1),进行 No. 1 观测点(云南省气象博物馆和一得广场)的实习;然后从 No. 1 观测点步行到达一得测候所,进行 No. 2 观测点(一得测候所)的实习;再从 No. 2 观测点步行达到昆明太华山国家基准气候站,进行实习点 2(No. 3 观测点)(昆明太华山国家基准气候站)的实习(图 4.5 和图 4.6)。

(1)教学目的

①了解云南气象历史发展进程和陈一得先生在气象方面的贡献。

②认知基准气候站各类气象观测的基本原理、方法、观测仪器和数据处理等。

③学会记录地面观测内容。

(2)主要实习内容

①云南气象博物馆和一得广场

云南气象博物馆位于昆明西山国家级风景名胜区-太华山美人峰之巅(图 4.7)。始建于 1927 年,于 1938 年迁至现址,由云南气象、天文、地震科学先驱者、中国自然科学家陈一得创办,其气象业务延续至今。1993 年列为省级文物,后相继被授予“全国科普教育基地”“云南省爱国主义教育基地”等称号，2008 年成立云南气象博物馆。全馆包括一得楼和一得夫妇墓，以展示陈一得在自然、人文科学领域所作出的杰出贡献为主线，并结合现代气象探测业务平台，全面反映云南气象发展历程（刘金福，2016）。

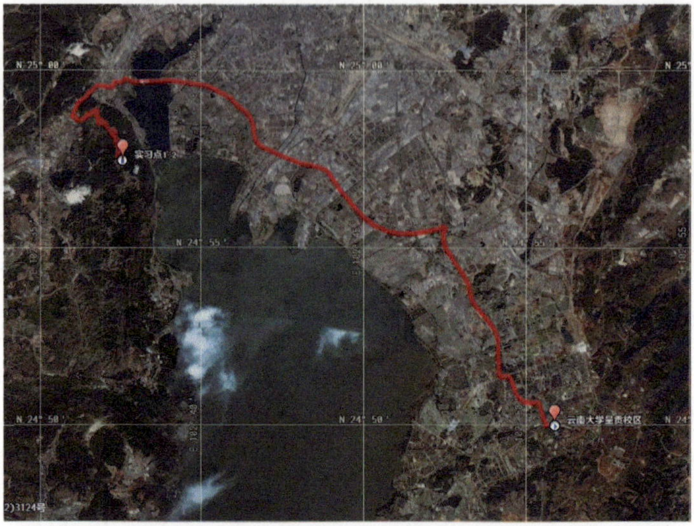

图 4.5　昆明地区实习路线一

图 4.6　昆明地区实习路线一中的实习点 1—2 及观测点（No. 1—No. 3）

图 4.7　云南气象博物馆

②昆明太华山国家基准气候站

昆明市气象局下属的昆明太华山气象站是云南省第一个气象站，也是全国第二所私立气象测候所(图 4.8)。

图 4.8　昆明太华山国家基准气候站

昆明太华山国家基准气候站位于云南省昆明市城区西郊著名的西山风景区太华山顶，是滇中地区最高的“中国国家基准气候站”，海拔 2358.3 m，24°57′N，102°37′E。昆明太华山国家基准气候站的前身是位于昆明市钱局街 53 号的私立一得测候所，由陈一得先生于 1927 年创建。1937 年一得测候所迁至昆明太华山，成立省立昆明气象测候所。1953 年更名为昆明太华山气象站。2014 年昆明太华山气象站由一般气象站升级为昆明太华山国家基准气候站，2018 年被命名为中国首批“百年气象站”(刘金福，2016)。

昆明太华山国家基准气候站包括业务楼、地面气象观测场、云南气象博物馆、一得青铜像、一得夫妇墓、一得广场等设施，开展地面气象探测业务、气象科普教育、爱国主义教育等。

(3)主要观测点及观测项目

No. 1：云南省气象博物馆和一得广场。在这里可以学习到古今中外气象发展历程，并且结合现代气象探测业务平台，学习云南气象发展。

学习吕尚、王充、李淳风、沈括、黄履庄等在气象方面的贡献(图 4.9)。

图 4.9　云南省气象博物馆

学习气象业务发展历程：16—17 世纪，人类文明发明了一系列测量地面气象要素的仪器并投入实际应用，其标志性仪器为 1643 年托里拆利发明的水银气压表，在水银气压表出现的前后，一系列其他地面气象要素观测仪器开始应用，例如玻璃液体体温表、雨量器、毛发湿度表、风杯风速计及黑白球日射表等。1802 年拉马契克进行了云状分类，将云的基本形状分为积状云、层状云、积层云和冰晶云(卷云)，逐步发展到了现今使用的云与天气现象的目测内容。由于在时间和地域上同步和连续的观测结果，对于天气预报的准确性具有重要的意义，因而提出了建立气象台站网的要求。第一个气象台站网由拉马契克在欧洲建立(1902—1915 年)，此后全球台站网相继建立，使地面气象观测成为全球性有组织、有系统的观测工作。17 世纪中期到 20 世纪初，地面气象观测逐步成熟。20 世纪 80 年代，电子计算机在地面气象观测中得到广泛应用，地面气象观测记录处理、报表制作和气象电报编发等实现了从人工向自动化处理的转变。20 世纪 90 年代以来，地面自动气象站开始广泛建立，推动了气象观测的自动化，地面气象观测正在逐步由自动观测代替人工观测，观测时次和空间密度得到极大提高(崔讲学 等,2011)。

No. 2:一得测候所。在这里可以学习到陈一得先生在自然、人文科学领域做出的杰出贡献以及宝贵的“一得精神”——爱国爱家的情怀、献身科学的精神、求真务实的作风、志存高远的境界、艰苦创业的风范(刘金福,2016)。

陈一得先生创建省立昆明气象测候所,为建设云南省测候网而奔走;实测了昆明经纬度,创造“全国第二”;配合开展大气电现象研究;为抗战免费提供气象情报;到云南陆军讲武堂授课;到云南航空学校主讲《航空气象学》;为中央航空学校提供气压数据;撰写文章《昆明气象与天文观测》,为昆明创建天文分台——即今中国科学院云南天文台,提供了科学依据;在云南推行标准时;提出改进午炮计划并承担“放炮”;赴甘肃临洮观测日全食,获取了我国第一次用气象仪表测定日全食气象效应的珍品,著成《临洮测日志要》;参加天文学会年会;倡导人工影响天气;提出防震建议,设“避难场所”;主编《昭通等八县图说》《盐津县志》《盐津县乡土志》《巧家县志·气候》《路南县志·气候》《宜良县志·气候》《晋宁县志·气候》,参编《新纂云南通志》《续云南通志长编》,协助由云龙纂《高峣志·气候》;参加云南省志的修志,编纂《天文考》和《气象考》;整理的 300 条气象谚语汇编成《云南气象谚语》作为《长编》的第 27 卷;《高峣志》用实测气象资料修志,成为全国首创;民国时期十大保护滇池名人之一(刘金福,2016)。

No. 3:昆明太华山国家基准气候站。国家基准气候站,简称基准站,是根据国家气候区划及全球气候观测系统的要求,为获取具有充分代表性的长期、连续气象资料而设立的气候观测站,是国家气候站网的骨干。

首先,观察基准气候站周围环境。测点不应该设在凹地,附近应无陡峭的倾斜地表。测点应远离树木、建筑物、墙或其他障碍物。任何此类障碍物(包括栅栏)离雨量器承水口上边沿的距离,应不小于障碍物高度的 2 倍,最好 4 倍于此高度。在平坦开阔地域(风速表与任何障碍物之间的距离至少是障碍物高度的 10 倍),测风仪器的标准安置高度是地面以上 10cm。不能在成行的树、房屋或任何障碍物的直接尾流中进行风的观测,因为尾流很容易顺风扩展到相当于障碍物高度的 12 倍或 15 倍处,风速表与障碍物之间的距离达到障碍物高度的 10 倍是最低的要求。当太阳处于地平线 3°以上时,在全年测量时段内,日照计对太阳的视野应无遮挡。蒸发器应位于相当平坦的地方,并避开树、建筑物、灌木或仪器百叶箱等障碍物,这些障碍物距蒸发器的距离,应大于它们高出蒸发器高度的 5 倍。对于成群障碍物,此距离应增至 10 倍。观测云的场地必须尽量开敞,并要求对天空及周围地区有最开阔的视野;云的夜间观测,最好在不受外来灯光影响的测点进行。能见度仪器应安装在远离局地大气污染的地方,例如烟、工业污染、多尘路面等。在沿海站,要求有开阔的海面视野,但又不应太接近悬崖边缘,因为悬崖引发的风的漩涡,将影响降水量和风的测量(崔讲学等,2011)。

其次,观察观测场中各仪器设备的布局。观测场要求:观测场应为东西、南北向,大小一般应为 25 m×25 m,有辐射的观测场应为 35 m(南北向)×25 m(东西向)。受条件限制的高山站、海岛站、无人站,观测场大小以满足仪器设备的安装为原则。不得垫高观测场。在观测场几何中心位置设中心地理标志,标志用水泥混凝土或其他石材制作,大小为 30 cm×30 cm。观测场四周应设置约 1.2 m 高的稀疏围栏,涂白色,不能使用对要素测量有影响的材质(如反光的不锈钢等)。为保持观测场地的自然状态,场内铺设 30～50 cm 宽的小路,盖板用活动的水泥预制板或石材铺设。观测场外四周 2 m 范围内除必建的小路外其他应与观测场内下垫面一致,不得用水泥或沥青等进行硬化。在风向传感器和日照计的正南方分别设置南北标志(南北桩),南北桩位于观测场南边围栏内侧的地面上,用水泥混凝土或其他石材制作,大小为 10 m×10 m,与地面齐平或不高出 3 cm(崔讲学 等,2011)。

再次,观察各气象观测要素和观测仪器。观测项目:云、能见度、天气现象、气压、空气温度、空气湿度、风向、风速、降水、日照、蒸发、地面温度(含草温)、浅层和深层地温、雪深、冻土、电线积冰、辐射、地面状态等。仪器设备:云高传感器、能见度仪(透射、散射)、天气现象自动观测仪、降水传感器、气压计、玻璃液体温度表或温度计、毛发湿度表或毛发湿度计、通风干湿表、遥测通风干湿球传感器、红外地表温度传感器、自动土壤水分传感器、单翼风向传感器和风杯风速传感器、风向风速计、翻斗式雨量计、称重式雨量传感器、激光降水粒子谱仪、蒸发器、辐射传感器、日照传感器、冻土器(崔讲学 等,2011)。

最后,了解各观测要素的观测方法,详见《地面气象自动观测规范(第一版)》(中国气象局,2019)和《气象仪器和观测方法指南》(第六版)(WMO,1996)。

(4)思考题及作业

①气象观测业务发展历程。

②国家基准气候站观测任务是什么?观测项目和仪器设备有哪些?

③地面气象观测场环境条件要求是什么?

④观测场及仪器设施的布置要求是什么?

4.1.3.2 实习路线二(昆明天气雷达站)

从云南大学呈贡校区出发,沿着昆明市彩云南路—昆磨高速—南绕城高速—滇池路广福路—华苑路—春雨路—上村路—宝花路到达棋盘山国家森林公园停车场,然后步行到达昆明天气雷达站(实习点 3),进行 No. 4 观测点的实习(图 4.10)。

(1)教学目的

①了解全国多普勒天气雷达的分布。

②认知天气雷达的工作原理和监测范围。

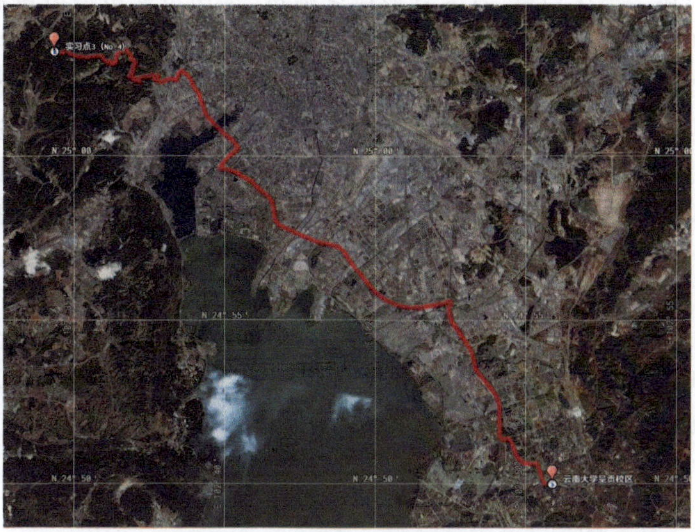

图 4.10　昆明地区实习路线二

(2)主要实习内容

①多普勒效应和多普勒雷达

当接收者(器)和能量源处于相对运动状态时,能量抵达接收者(器)时频率改变。多普勒雷达测量回波径向速度关键技术是“脉冲对处理”,也就是利用相继返回两个脉冲对之间位置改变确定目标径向速度(张培昌 等,2001)。

天气雷达工作频率是指天气雷达发射探测脉冲振荡频率;脉冲反复频率是指每秒产生触发脉冲数目。新一代天气雷达采用(全相干)体制,共有 7 种型号:S 波段(SA、SB、SC)、C 波段(CINRAD-CB、CC、CCJ、CD)。一般在沿海和长江流域多暴雨的地区使用 S 波段雷达,在内陆暴雨较少地区使用 C 波段雷达(张培昌 等,2001)。

多普勒天气雷达由雷达数据采集子系统(radar data acquisition,RDA)、雷达产品生成子系统(radar product generation,RPG)、主用户终端子系统(principal user processor,PUP)三部分组成。RDA 的关键功效是:产生和发射射频脉冲,接收目标物对这些脉冲散射能量,并经过数字化形成基础数据;RPG 的关键功效是:由宽带通信线路从雷达数据采集子系统接收数字化基础数据,对其进行处理和生成多种产品,并将产品经过窄带通信线路传给用户,是控制整个雷达系统指令中心;PUP 的关键功效是获取、存放和显示产品,预报员关键经过这一界面获取所需雷达产品,并将它们以合适形式显示在监视器上(张培昌 等,2001)。

多普勒天气雷达天线采用抛物面形,波束的方位和俯仰扫描都采用机械转动天线来完成且具有惯性,波束的转换速度受到天线机械转动的限制,一般为 36°/s,在

5～6 min 内完成一个体扫描，且不易形成多波束，采用单波束发射单波束接收。多普勒天气雷达采用连续扫描方式，即先在 0°的位置一次发射完成所需的脉冲数后，再转向 1°的位置，依次类推直到 360 个方位全部扫描完成。波束宽度在整个扫描方位角范围内基本保持不变，维持在 1°左右。采样体积在某一距离处不随方位的改变而变化，即多普勒天气雷达的探测精度在某一距离处是基本不变的，它的采样体积只随距离的增大而降低；切向探测误差在某一距离处随着扫描指向角的变化也基本不变（杨金红 等，2008）。

多普勒天气雷达对强对流天气进行监测和预警，如：龙卷、冰雹、雷雨大风、暴洪等；利用单部或多部雷达实现对某个区域或全国降水的监测；可进行较大范围降水定量估测；可获取降水和降水云体风场信息，得到垂直风廓线；可改善高分辨率数值预报模式初值场（图 4.11）。

图 4.11　昆明天气雷达站实习

②昆明天气雷达站

昆明天气雷达站原位于昆明西山山顶，后因观测需要，于 2001 年搬迁至海拔高度为 2483 m 的昆明西山区棋盘山国家森林公园，2003 年正式投入使用。昆明天气雷达站主要任务：承担多普勒天气雷达的观测、资料存贮、传输工作；负责雷达责任区灾害性天气监测，短时预报，预警服务工作；做好雷达产品的应用、分析、总结及二次开发工作，及时将雷达回波资料、回波演变趋势和影响区域的预报意见传输给有关气象台（局、站）和用户；负责雷达系统及附属设备的运行保障和维护、维修工作，保证其正常运转；完成市局交办的其他工作（图 4.12）。

(3)思考题及作业

①什么是多普勒效应？多普勒雷达测量回波径向速度的主要技术是什么？

②多普勒天气雷达主要由几个部分构成？每个部分的主要功能是什么？

③多普勒天气雷达的应用领域主要有哪些？

④天气雷达固有的局限性有哪些？

图 4.12　昆明天气雷达站

4.1.3.3　实习路线三(昆明农业气象试验站—昆明探空站)

从云南大学呈贡校区出发,沿着昆明市环湖东路到达昆明农业气象试验站(实习点 4),进行 No.5 观测点的实习;然后从 No.5 观测点驾车到达昆明探空站(实习点 5),进行 No.6 观测点的实习(图 4.13)。

图 4.13　昆明地区实习路线三

(1)教学目的

①了解农业气象的任务和研究方法。

②认知气象条件对农作物的影响。

③认知 L 波段雷达探空资料在气象业务和科研中的作用。

(2)主要实习内容

①昆明农业气象试验站

云南省昆明农业气象试验站属国家一级农业气象试验站,主要从事应用气象、气候生态、数据信息分析和计算机应用等工作。在不断地研究中,积累了完整、丰富、系统的昆明地区历史气象资料和作物(小麦、水稻、蚕豆等)大田生长资料。自 1963 年云南省昆明农业气象试验站一直是国家级的农业气象监测点,长期进行作物、生态、灾害的观测。

②昆明探空站

昆明探空站 1954 年 1 月起开展高空气象观测,综合考量昆明高空气象观测资料的准确性、代表性及区域功能和技术要求。2007 年 1 月,由世界气象组织、联合国教科文组织的政府间海洋委员会、联合国环境规划署、国际科学联盟理事会共同发起授权,将昆明高空气象站升级为全球气候观测系统成员(GCOS 探空站)。目前中国仅有 8 个 GCOS 高空气象观测站。

(3)主要观测点及观测项目

No. 5:昆明农业气象试验站试验地情况及周边环境;试验地农作物种类和农作物生长长势,包括:长度、粗度、叶片大小、生长量;影响农作物生长的环境因素,包括:气象要素、土壤要素。

农业气象主要是对农业气候资源进行分析、利用、区划;确定农业气象指标,根据指标鉴定气象条件对农作物生长发育和产量的影响;研究农业气象灾害发生规律及预防措施;开展农业气象测报、预报和情报的服务工作;对农业小气候的调节、利用和改造进行研究(肖金香 等,2009)。

农业气象的研究方法主要有:①平行观测法(同时观测气象要素和农作物生长发育状况);②地理播种法(在气候条件不同的地区,选择土壤条件尽可能相同的地段,采用同一农业技术措施,于各地最适宜的播种期播种同一品种,按统一研究方案进行平行观测);③分期播种法(在同一地区,每隔 5 天或 10 天播种同一作物,根据研究任务,可播种 5～10 期或更多);④地理分期播种法(将地理播种法和分期播种法结合);⑤人工气候实验法(模拟近似太阳光谱的人工光源、作物生长发育所需的各种气象条件、极端气象条件对作物发育和产量品质的影响);⑥气候分析法(根据作物生长发育和气象资料,求作物产量与天气和气候之间的关系);⑦统计分析法和图解分析法(包括相关分析,概率、频率及保证率分析,方差分析,回归分析等;列线图、相关图、散布图、点聚图等)；⑧遥感和地理信息系统技术的应用(肖金香 等,2009)。

CO_2浓度增加对 C_3、C_4作物的影响：在自然条件下，当大气 CO_2浓度加倍，即增加到 600×10^{-6}时，C_3植物的同化率将增加 30%～50%。C_4植物可以从 CO_2浓度很低的大气中有效地吸收 CO_2。有限的 CO_2浓度下，C_4植物具有优越性；增加 CO_2浓度，C_3植物无论在强光还是弱光下，光合作用均能得到促进。因此，森林底层受荫蔽的植物、群体过密的作物都能增加产量。增加 CO_2浓度利于作物增产，如：增加 CO_2能使叶片增产 42%，果实增产 23%，种子增产 49%，块茎增产 64%。增加 CO_2浓度可减少作物蒸腾，如：增加 CO_2浓度可减少小麦蒸腾约 80%，玉米、高粱蒸腾约 68%(肖金香 等,2009)。

日照时间和光照强度对作物的影响：植物被分成长日照植物和短日照植物，需要一个客观的日照时间长度的标准，即植物通过光周期而开花结果的光照时间临近界值，称之为临界日长。临界日长随植物生境的纬度而改变，一般以每日 12～14 h 为临界日长，短日照植物(如苍耳)临界日长达 16 h，长日照植物(如天仙子)临界日长只有 12 h。只有当光照强度满足光合作用的要求时，植物才能生长发育良好。植物呼吸作用与光合作用强度相等时的光照度称为光补偿点。在光补偿点以上，光合作用(积累)大于呼吸作用(消耗)。强光有利于作物繁殖器官的发育，弱光有利于营养生长(肖金香 等,2009)。

温度对植物的影响：①周期性变温对植物的影响。气温日变幅大的地区，作物产量高、品质好，如青藏高原小麦的千粒重可达 40～50 g；周期性变温配合光周期的长短对作物、果树的生长发育也有一定的影响，如马铃薯块茎的形成，在夜间温度低时，可能与日照长度无关，在夜间温度高时，则只有在长日照下才能形成块茎。②三基点温度(最高温度、最低温度、最适温度)对植物的影响。作物生长发育期的不同生理过程，三基点温度不同，如光合作用的最高温度为 40～50 ℃，最低温度为 0～5 ℃，最适温度为 20～25 ℃；呼吸作用的最高温度为 50 ℃，最低温度为－10 ℃，最适温度为 36～40 ℃。植物生长的三基点温度与光合作用的三基点温度并不吻合，如，有时在一定低温下已经不能进行光合作用了，但仍有微弱生长。光合作用最适温度随温度等条件而变化，如，在夏季或海拔低的地方生育的植物的光合作用最适温度比冬季和高海拔的植物的光合作用最适温度高(肖金香 等,2009)。

水分对植物的影响：植物对水分的要求与土壤中水分含量、空气湿度、降水量有密切关系。一般作物在生长发育过程中，日平均相对湿度为 80%左右为宜。作物生长发育过程中对水分最敏感的时期为水分临界期，多与花芽分化的旺盛期相联系(肖金香 等,2009)。

风对植物的影响：风和湍流促进了水分蒸发和植物蒸腾，调节植物层间的环境温度、湿度和 CO_2含量，保证正常光合作用和呼吸作用；能传播植物花粉，帮助植物授粉，提高作物结实率，传播种实扩大繁殖。另外，风和湍流能传播病原体，造成植物病害蔓延，甚至造成病、虫长距离迁移；加速地表蒸发和植物蒸腾，造成土壤干旱和植物萎蔫；大风造成植物叶片机械损伤或折断，作物倒伏，林木断枝、断梢、翻根，果树落花落果，影响植物生长和产量（肖金香 等，2009）。

气象灾害对植物的影响：①寒潮常使果树和庄稼被刮倒、吹折、遭受严重的冻害。②霜冻使植物因大量失水而死亡，破坏植物正常的新陈代谢，使植物体内产生毒素而受害。③低温冷害使农作物正常的生理活动受到影响，延迟作物生育期，导致产量降低；使作物生殖器官的生理活动遭到破坏，造成颖花不育特别是花粉败育，籽实空秕而减产；使作物生长发育初期和孕穗期受到影响，造成不育，延迟种子的成熟，导致严重减产。④干旱严重影响植物生长发育和产量的形成。⑤洪涝使植物根系的正常发育受到影响，导致作物生长状况和产量受到影响。⑥连阴雨造成烂秧、晚稻籽粒发芽变霉、棉花烂铃落铃，作物倒伏、霉烂发芽。⑦冰雹使植物茎、叶、果实受到严重的机械损伤，常引起病虫害，造成作物减产。⑧台风和龙卷风的破坏性极强，造成农作物、农业设施的严重损失。⑨沙尘天气能埋没农作物、侵袭土壤、降低肥力、淤塞水库、塘坝、水井（肖金香 等，2009）。

No. 6：昆明探空站。观察 L 波段雷达探空放球前的准备工作、放球中的监视工作、放球后的处理工作。①L 波段雷达开机：打开 UPS 电源；打开微机电源，启动运行接收控制软件；打开主控箱上的总电源、发射机电源、驱动箱电源、示波器电源；调整示波器上的相关旋钮，使之能正常地显示四条亮线或精、粗扫描显示；打开近程发射机。②探空观测的流程：计算机正确对时、将电池浸泡、确定放球地点、输入基测数据、探空信号检测、装配电子探空仪、准确输入仪器序列号。③L 波段雷达监控：雷达探测情况、雷达报警情况、雷达主要运行参数、雷达电路板运行状态、雷达发射机运行状态、雷达伺服系统运行状态、程序方波、触发脉冲和扫描触发脉冲、雷达探测情况、气球飞行轨迹、探空站基本信息、雷达报警情况、雷达故障统计、雷达配件等。④监测数据：区站号、档案号、仪器号码、地面瞬间气温、地面瞬间气压、地面瞬间湿度、地面风向、风速、总云量、低云量、云状、能见度、天气现象、工作方式、施放时间、探空终止时间、探空终止高度、测风终止时间、测风终止高度、球坐标总数等。⑤L 波段雷达频率调整：放球后，天控、增益、斜距一般调为“自动”，频率调为“手动”。⑥注意事项：放球前仔细调整接收机的频率，使接收机处于最佳接收状态；打开近程发射机，检查“凹口”的形状，使“凹口”达到一定的深度或更换应答器，直到距离跟踪正常；探空仪距离天线至少 30 m 以上，且升起一定的高度；放球前仔细观察地面的风向、风速，尽量把球点选择在下风方向，确保起始自动抓球成功。要防止假定向，在放球过程中，如果雷达测高与气压反算高度差异较大（此时雷达数据终端接收控制界面上的警示灯会不停地闪烁，且气压值正常）时，应考虑是否假定向。推动天线操纵杆时，速度要均匀，若感到突然加重或者有意外声音时，应停止转动，进行检查。使用观测中，电源中断时，必须将各电源开关关掉，待重新供电后，再按开机步骤开机（中国气象局，2010；2021）。

(4)思考题及作业

①大气 CO_2 浓度、光能利用率、光温综合作用、水分、地方性风、气象灾害对农业计划与措施的调整是什么？

②基于 L 波段雷达探空资料研究低空逆温特征。

4.1.3.4　实习路线四（昆明市气象局）

从云南大学呈贡校区出发，先后经过万峰街—梁王路—锦绣大街—清和路—祥和街—景明北路—碧潭街—石龙路，达到昆明市气象局（实习点 6），进行 No. 7—No. 10 观测点的实习（图 4.14）。

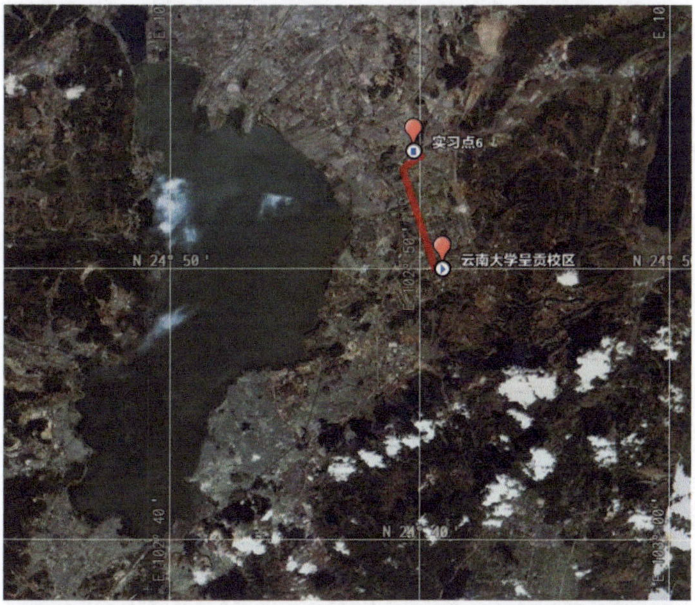

图 4.14　昆明地区实习路线四

(1)教学目的

①了解昆明市气象局业务工作；

②掌握多普勒天气雷达原理及其业务应用；

③了解人工影响天气的意义；

④认知相控阵雷达与天气雷达的区别。

(2)主要实习内容

昆明市气象局前身为昆明市中心气象站，始建于 1958 年，隶属于国家气象系统。

现在位于昆明市呈贡区洛阳街道。设 6 个正科级直属事业单位：昆明市财务核算中心、昆明市气象台、公共气象服务中心、昆明市人工影响天气中心、昆明市气象局综合观测和网络保障中心、昆明市气象灾害防御中心，其中昆明市气象灾害防御中心为市编办批准的自收自支二类公益单位。下辖昆明天气雷达站、昆明太华山气象站 2 个正科级独立设置县级台站(图 4.15)。

图 4.15　昆明市气象局

(3)主要观测点及观测项目

No. 7：天气雷达主用户终端子系统(PUP)。在这里可以看到雷达产品的获取；雷达产品数据的存储和管理；雷达产品的显示；雷达产品状态监视；雷达产品编辑注释(张培昌 等，2001；中国气象局综合观测司，2018)(图 4.16 和图 4.17)。

图 4.16　昆明市天气预报预警平台

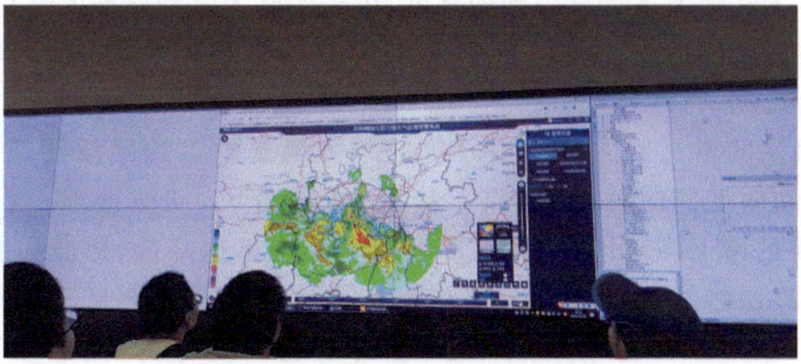

图 4.17 昆明市天气雷达终端

①我国新一代天气雷达主要采用的体扫模式有(张培昌 等,2001;中国气象局综合观测司,2018):

VCP11:规定 5 min 内对 14 个具体仰角的扫描。

VCP21:规定 6 min 内对 9 个具体仰角的扫描。

VCP31:规定 10 min 内对 5 个具体仰角的扫描;使用长脉冲。

VCP32:规定 10 min 内对 5 个具体仰角的扫描;使用短脉冲。

②天气模式有两种:晴空模式和降水模式,晴空模式使用 VCP31 或 VCP32,降水模式使用 VCP11 或 VCP21。业务运行常用的体扫模式有 VCP11、VCP21 和 VCP31,VCP11 常在强对流风暴出现的情况下使用,VCP21 在没有强对流而只有显著降水的情况下使用,其他情况下使用 VCP31(张培昌 等,2001;中国气象局综合观测司,2018)。

③从雷达回波中提取的反映降水系统状态的基本量分别是:反射率因子、平均径向速度、径向速度谱宽。雷达测得目标物的回波功率,根据雷达气象方程可得到反射率因子。平均径向速度是通过几十个脉冲对相移的平均值确定的,而相应的标准差即为谱宽(张培昌 等,2001;中国气象局综合观测司,2018)。

④雷达能够探测降水天气系统内部结构是因为降水粒子对于雷达发射的电磁波的后向散射。一般,随着粒子尺度的增大,降水粒子的后向散射能力也迅速增大,但增大的过程不是单调的,而是有起伏的,在降水粒子不太大的时候,水球的后向散射能力大于同尺寸的冰球,而在降水粒子很大的时候,水球的后向散射能力小于同尺寸的冰球(张培昌 等,2001;中国气象局综合观测司,2018)。

雷达在传播过程中会微微向下弯曲,但弯曲的曲率小于地球的曲率,因此,随着距离的增加,到地面的距离也随之增加。当大气低层出现明显的逆温或逆湿随高度迅速降低时,大气折射指数随高度迅速降低,雷达波传播会产生超折射现象。在利用天气雷达主用户终端子系统(PUP)显示雷达回波时,所标注的回波所在的高度是假定大气为标准大气情况下计算得到的高度，由于实际大气和标准大气有差别，标注的回波高度与实际的回波高度之间是有差别的，且有时差别较大(张培昌 等，2001；中国气象局综合观测司，2018)。

⑤对流风暴的雷达回波特征：(a)普通单体风暴的雷达回波特征：塔状积云阶段，回波向上和向下同时增长，但是不接地；成熟阶段，回波接地；消亡阶段，回波的强中心高度迅速下降至地面附近、回波垂直高度迅速降低，回波强度减弱且分裂消失。(b)边界层辐合线的雷达回波特征：反射率因子图上呈现窄带回波，强度为几个至十几个 dBZ。(c)超级单体风暴的雷达回波特征：低层有钩状回波、前侧 V 型缺口回波、反射率因子高梯度区；中层有界弱回波区、回波顶位于有界弱回波区之上；中高层有悬垂回波结构(张培昌 等，2001；中国气象局综合观测司，2018)。

⑥强风暴的雷达回波特征：(a)经典超级单体风：低层有钩状回波；中层有界弱回波区；中高层有悬垂回波。(b)强降水超级单体风暴：低层有宽广的钩状、逗点状和螺旋状回波，前、后侧 V 形缺口回波(张培昌 等，2001；中国气象局综合观测司，2018)。

No. 8：昆明市人工影响天气作业指挥中心。在这里可以了解到人工影响天气在气象防灾减灾中的重要作用和业务流程(图 4.18)。

图 4.18 昆明市人工影响天气作业指挥中心

①人工影响天气作业工作流程：人工影响天气包括增雨、增雪、防雹和消云。首先，根据天气预报和探空等气象观测，特别是雷达实时观测资料，确定要播撒的目标云(雹云、有降雨潜力的云)。其次，精心设计和准备作业方案，包括催化剂、作业工具、观测方案和效果评估方案。再次，根据天气预报及时申请空域(飞机作业需要申请飞行空域，地面火箭或高炮作业需要申请作业空域)。人工防雹和增雨的各地面作业点还应事先建设有和指挥点实时联系的无线通话设备以及事先准备的各方位安全射角图表。进行作业前到作业后的雷达追踪探测和相关的气象和雹情监测，以满足实时指挥和效果评估的需要。

②催化剂的选择：(a)对于冷云，选用人工冰核剂(碘化银)或制冷剂(干冰、液氮)；(b)对于暖云，选用吸湿性催化剂(如盐粉)等；(c)对于人工防雹作业，需要做到及时(雹云中雹胚长大为雹块下落最快只需 20 min)、到位(把催化剂送到雹胚生长区)和足量(有足够的人工冰核与雹胚争抢环境中的水分)。

No. 9：X 波段双偏振相控阵雷达(图 4.19)。在这里可以了解到相控阵雷达的监测、产品显示和应用。由于受到地球的曲率和地形遮挡的影响，S 或 C 波段雷达的一个缺陷是无法捕捉远处天气系统的低层信息。中国为弥补 S 波段和 C 波段业务天气雷达监测的不足，做好城市内涝等灾害预报、预警工作，很多城市也组建了 X 波段双偏振多普勒天气雷达监测网。X 波段双偏振多普勒天气雷达监测网的建设，可以提供比 S 波段和 C 波段业务天气雷达更加精细的降水观测，使得 X 波段双偏振雷达在暴雨等灾害天气过程的监测和预警等方面有着巨大的应用潜力(张哲 等，2023)。

相控阵天气雷达包括发射机、接收机、天线。天线采用平面阵列形式，由大量的辐射单元按一定的规则排列组成，各个辐射单元发射的信号聚集于空间某一方向，形成方向性极强的发射波束，波束指向是依靠发射信号相位差而改变。相控阵天气雷达可以形成多个独立的波束以同时探测多个目标，大大提高数据的采集率，能够对目标精确定位，但是平面阵列天线限制了它的扫描范围，最大范围为$\pm 60°$，为了完成方位 360°扫描，天线一般采用 3～4 个阵面或者在方位上采用机械转动。相控阵天气雷达的天线扫描采用多波束转换扫描方式，在发射脉冲时，首先在 0°的位置发射一对脉冲(为了径向速度估计)，接着转向 7°的位置再发射一对脉冲，再转向 3°的位置，依次类推，当这 14 个方位的脉冲数全部发射完后，再返回到 0°的位置发射脉冲，循环往复，直到每个方位上达到所需的脉冲数。这个 14°的扇形扫描完成后，再接着进行下一个扇形扫描以达到全方位 360°的扫描。相控阵天气雷达的波束宽度范围为1.5°～2.1°，波束宽度随扫描方向角的变化呈抛物线形，当波束指向天线阵面法线方向时，波束宽度最小、采样体积最小、切向探测误差最小、探测精度最高；当波束指向偏离阵面法线方向时，随着指向角的增大波束宽度也随之增大、采样体积增大、切向探测误差增大、探测精度降低。相控阵天气雷达的误差是由于波束加宽后产生，且波束宽度会随着扫描指向角的变化而变化，为了尽可能减小探测误差，提高探测精度，必须减小波束宽度，但是波束宽度越窄，所要求的天线辐射单元越多，天线的体积也越庞大，难以实现。为了缩短探测周期，利用相控阵雷达可形成多波束的优势，在方位上采用窄波束、俯仰上采用宽波束发射，同时在接收时采用多个窄波束覆盖发射波束的接收技术（杨金红 等，2008；张光义和赵玉洁，2006；Yu et al.，2007）。

图 4.19　位于昆明市气象局楼顶的 X 波段双偏振相控阵雷达

No. 10：昆明市呈贡区一般气象观测站（图 4.20）。观察一般气象站的观测要素、观测设备与国家基准气候站的异同。

图 4.20　昆明市气象局呈贡区一般气象观测站

（4）思考题

①结合认知内容和查阅文献，简述强对流天气的预警步骤。

②对比多普勒天气雷达和相控阵雷达的异同点以及相控阵雷达在定量降水估测方面的应用。

4.3.1.5　实习路线五［昆明准静止锋科学试验基地（弥勒）］

从云南大学呈贡校区出发，沿着广昆高速和汕昆高速到达昆明准静止锋科学试验基地（实习点 7），进行 No. 11 观测点的实习（图 4.21）。

图 4.21　昆明地区实习路线五

(1)教学目的

了解昆明准静止锋的成因、结构、特征及其位置判断方法。

(2)主要实习内容

昆明准静止锋也称西南准静止锋,是指在东亚冷空气暴发并向南扩展时,受西南高原地形阻挡形成的一种独特的锋面系统,锋前天气晴朗,锋后常有寒潮、凝冻、低温冷冻等重大天气产生(杜正静 等,2007;索渺清和丁一汇,2016)。在北美等地也有类似现象,但其发生在中高纬地区;而昆明准静止锋的主要活动区域在 30°N 附近的低纬区域,因此,其在形成原因、活动规律和天气影响上都与其他类似系统有显著区别,只是在冷空气活动和山脉对冷空气的阻挡作用等方面有相似性(索渺清和丁一汇,2016)。

早在 20 世纪 40 年代,昆明准静止锋已被中国学者所发现,这是在东亚冷空气暴发并向南扩展时,受西南高原地形阻挡形成的一种独特的锋面系统。在北美等地虽然也有类似现象,但昆明准静止锋在形成原因、活动规律和天气影响上都十分不同。在青藏高原大地形、低纬高原和横断山脉的作用下,昆明准静止锋沿地形呈准南北走向,具有东西摆动和跳跃式西进的独特活动规律。若静止锋转变成冷锋西进,往往伴随着西南地区寒潮等转折性天气出现;若静止锋长期稳定维持,不仅在冬季会造成冻雨等灾害性天气,还会在春季带来雷暴、冰雹、大风等强对流天气(索渺清和丁一汇,2016)。

张丙辰是最早系统地研究和总结昆明准静止锋的学者。1956 年,樊平(1956)根据昆明气象台的经验和多次昆渝航线飞机报告，加以综合后提出昆明准静止锋的预报指标和锋面分析原则，对昆明准静止锋在实际业务应用起到了积极的促进作用。夏平(1959)在总结新中国成立 10 年来在锋面系统的分析研究中取得的成就时，肯定了张丙辰和樊平先后对昆明准静止锋的发现所做出的贡献。

云南东部地区特有天气系统昆明准静止锋是横断山脉多发连阴雨天气的“幕后大佬”；昆明准静止锋影响下的温度预报、降水相态预报等，一直是业务服务中的难题。为此，2021 年 5 月，云南省气象局联合中国气象科学研究院共建昆明准静止锋科学试验基地(弥勒)，共同打造科研业务融合创新平台，构建“一站两网”(弥勒气象综合观测站和昆明准静止锋局地地形影响观测网、东部联合观测组网)的站网布局，围绕昆明准静止锋精细化特征和机理两个科学问题，从观测试验、机理研究和预报方法三个层次开展研究(图 4.22)。

图 4.22　昆明准静止锋科学实验基地(弥勒)
(https://www.163.com/dy/article/I0F8T5A60550B6VI.html)

(3)主要观测点及观测项目

No.11：昆明准静止锋(图 4.23—图 4.25)。①昆明准静止锋形成的原因：(a)独特的地形作用(索渺清和丁一汇，2016)。高原地形阻挡作用是昆明准静止锋形成和维持的必要条件(王曼 等，2009)。昆明准静止锋是地面冷高压沿青藏高原东侧运动遇高原阻挡而形成(段旭 等，2002)；当地面冷高压南侵时，西南地区处于高压的西南侧，多属回流形式影响，冷空气势力较弱，加之经四川盆地的冷空气爬坡向南向西，又受到乌蒙山等山脉阻挡，难以翻越而停滞、堆积，形成准静止锋(徐裕华，1991)；当北方的寒潮向南侵袭时，因受到高原东部地形的屏障作用，冷空气逐渐堆积于高原的东

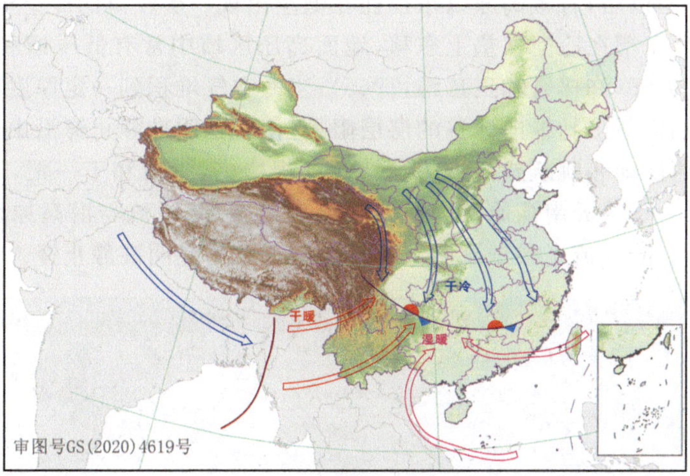

图 4.23　昆明准静止锋概念模型(索渺清和丁一汇,2016)

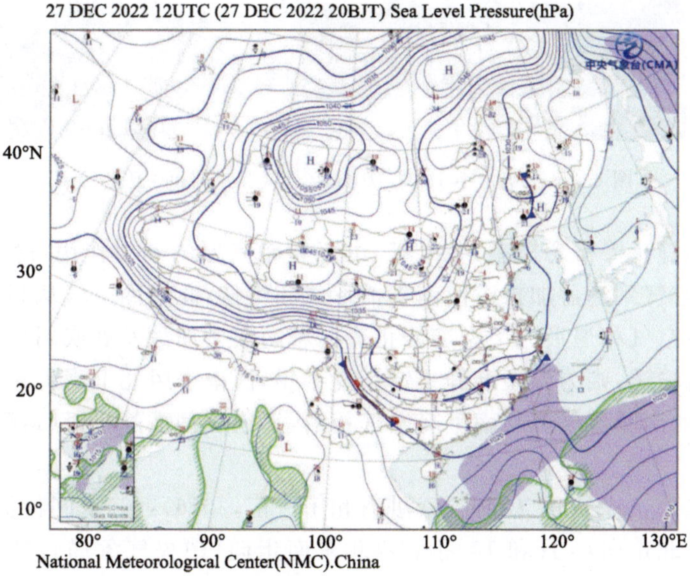

图 4.24　2022 年 12 月 27 日 20 点(北京时间)海平面气压场图

侧,并与南支西风气流相遇形成一条准静止的界面(罗四维,1960);北方冷空气经西北、华北南下后在长江以南呈扇形展开并继续南下,当扇形空气的西南翼到达南北走向的横断山脉时,受其阻挡,在山脉以东的广大区域内不断堆积,在云、贵、川、桂、鄂西、湘西低空 1500 m 以下形成的冷空气层,气象上称之为“冷垫”(丁一汇 等,2008);

冷空气进入华南以后，青藏高原以东往往在低空出现一层较薄的冷空气垫，沿南支西风急流带，有低压槽在冷空气垫上东移，地面高压区域中常有低压槽和锋生出现，引起复杂多变的天气（许梓秀和王慕维，1965）；当冷空气堆积到一定厚度爬上高原向西扩张时，又受到横断山脉纵向岭谷的层层阻挡，使得昆明准静止锋沿山脉呈准南北走向，并具有东西摆动和跳跃式西进的独特活动规律（索渺清和丁一汇，2016）。(b)冷暖气团之交绥。冬季云南高原常为西南暖流所盘踞，此暖流与沿高原北坡上爬之冷而干变性极地大陆气流交绥于昆明、贵阳间，故称之为昆明准静止锋。

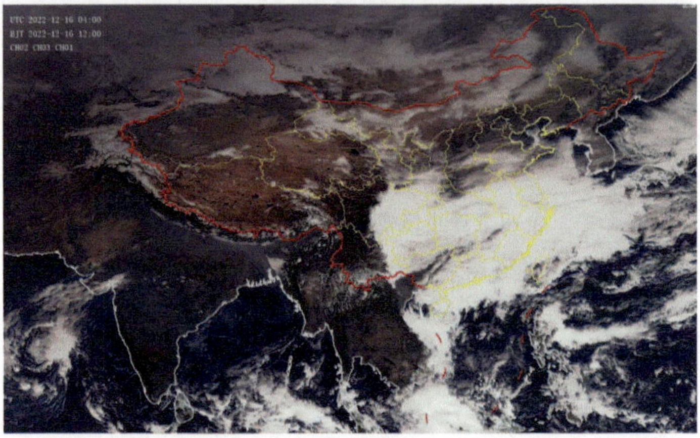

图 4.25　2022 年 12 月 16 日 12 点（北京时间）卫星云图

②昆明准静止锋概念模型：冬半年，由于青藏高原的动力作用，冷空气分为南北两支，南支冷空气到达孟加拉湾使南支槽形成和维持，北支冷空气从高原东侧南下与南支槽前干暖空气相遇形成干型准静止锋。若南支槽加深发展或副热带高压外围有西南暖湿气流输送，则为湿型准静止锋。夏半年，西南季风北上受青藏高原阻挡形成印缅槽，槽前西南暖湿气流与南下冷空气相遇，形成湿型准静止锋（索渺清和丁一汇，2016）。

③昆明准静止锋的时空特征（索渺清和丁一汇，2016）：(a)空间特征：昆明准静止锋 1 月呈准南北走向，4 月和 10 月呈西北东南走向（中央气象局，1966）。64.5%的昆明准静止锋在昆明和贵阳之间移动；当冷气流较强时，锋面西移至昆明以西，占 18.2%；当暖气流较强时，锋面移至贵阳以东，只有 3.9%（Jong，1950）。昆明准静止锋的平均地理位置在沾益、威宁以西、昭通以南、昆明和会泽的东北方（樊平，1956）。具体可分为三类：第一类在贵阳与昆明之间，北端在西昌以北，南端在广南附近与南岭准静止锋相连；第二类傍哀牢山沿红河河谷静止在昆明以南，对滇南影响较大；第三类在贵阳以北，具有副热带高压脊和南支西风急流强盛、地面热低压发展等特点

(索渺清和丁一汇,2016)。(b)时间特征:昆明准静止锋具有夜间西南进、日间东北退的显著日变化,并在几十千米至近百千米范围内做东西摆动(索渺清和丁一汇,2016)。冬春季(11 月—翌年 4 月)偏多,夏秋季(5—10 月)偏少;在春夏和秋冬交替季节存在骤降弱升的突变(杜正静,2007)。

④确定昆明准静止锋位置的方法(张精华 等,2016)。(a)地面流场差异:锋后东北风、锋前西南风;(b)天空状况和天气现象差异:锋后为阴天或小雨(雪)、锋前天气晴好;(c)温度场和气压场差异:由于夜间锋前存在晴空辐射,下半夜到早上会有锋后的气温高于锋前的情况,因此,白天锋前锋后气温差异较大,等温线较密集,东西梯度大,等温线密集区即为锋区;(d)海平面气压场上,锋后有高压,锋区为等压线密集区;(e)当有弱冷空气补充时,变压和变温场上锋后正变压、负变温明显;(f)卫星云图差异,锋面呈南北走向,锋前的西部地区多晴空区,锋后的东部为云系覆盖,这是确定静止锋位置最直观的方法;(g)温度场:等温线密集、水平梯度大,呈现垂直走向;(h)还可从假相当位温线的梯度判断锋面确切位置和强度。

(4)思考题及作业

①分析 2022 年 12 月 16 日昆明准静止锋两侧风向、气温、3 h 变温、气压、3 h 变压、云量、云状、天气现象、卫星云图云系等的具体差异。

②下载 ECWMF 2022 年 12 月 12—30 日 08 时和 20 时 ERA5-land 的 2 m 温度 0.1°×0.1°再分析数据;2022 年 12 月 12—30 日 08 时和 20 时 ERA5 高低空气压、温度、相对湿度以及 U、V 风场 0.25°×0.25°再分析数据。通过分析风场、温度场和湿度场的特征,来分析锋面结构特征及位置。

4.2　大理地区

4.2.1　地理位置

大理白族自治州地处云南省中部偏西,海拔 2090 m,东邻楚雄州,南靠普洱市、临沧市,西与保山市、怒江州相连,北接丽江市。地跨 24°41′—26°42′N,98°52′—101°03′E之间,东巡洱海,西及点苍山脉(图 4.26)。

大理位于青藏高原东南边缘的横断山区,地处金沙江、元江和澜沧江三大水系分水岭地段,孟加拉湾西南季风的迎风区,东亚水汽通道上游,是南支槽东移和孟加拉湾风暴北进东移入境的主要通道,冷空气沿偏西路径入侵云南的上游地区,也是汛期西南低涡造成滇中以西强降水的发源地。强劲的烈风,丰富的水汽,最终形成了大理独特的气候景观。

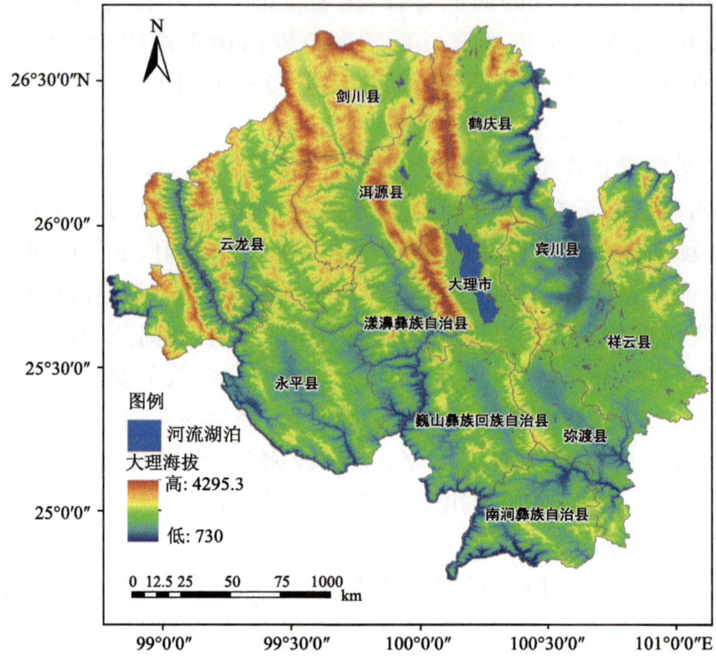

图 4.26 大理地形图

4.2.2 气候概况

大理具有高原湖泊、大型山脉、盆地、谷地等多种地貌特征，属典型的低纬度高原中亚热带西南季风气候，干湿季节分明，降水年际变化大，区域分布不均，雨季一般集中在 5 月下旬至 10 月下旬，雨季降水量约占全年降水量的 88.4%，旱季降水量约占全年降水量的 11.6%，降水年内分配不均。多年气候资料显示，年降水量中部大于北部、南部，年平均气温由北向南逐步增高，年日照时数由西向东增加(安国英 等，2022)。

根据大理市气象站 1961—2018 年观测资料统计，大理市年均气温为 15.07 ℃，年平均气温最高为 16.14 ℃(2010 年)，年平均气温最低为 14.13 ℃(1992 年)；一年中，气温 6 月最高(20.25 ℃)、1 月最低(8.50 ℃)(图 4.27)。

年平均降水量为 1050.12 mm，年平均降水量最大为 1410.50 mm(1970 年)，年平均降水量最小为 695.30 mm(2006 年)；一年中，降水量 8 月最多(219.44 mm)、12 月最少(13.60 mm)(图 4.27)。

年平均蒸发量为 1883.48 mm，年蒸发量最大为 2353.90 mm(1969 年)，年平均蒸发量最小为 951.10 mm(2017 年)；一年中，蒸发量 3 月最大(223.21 mm)、10 月最

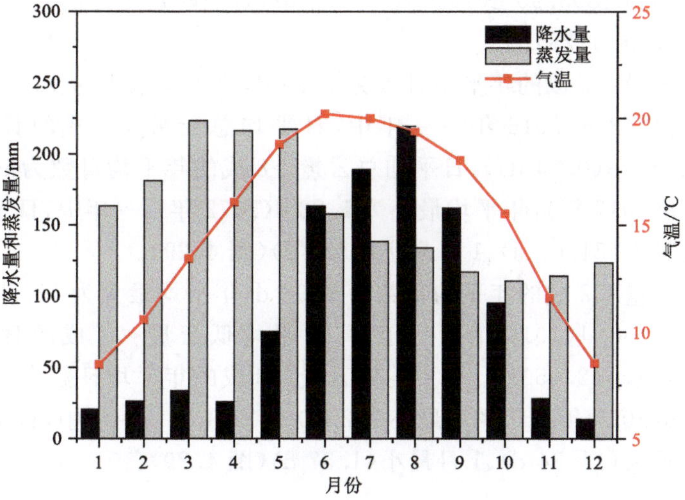

图 4.27　大理市 1961—2018 年月平均气温、月总降水量和月总蒸发量

小(110.76 mm)(图 4.27)。

年平均风速为 2.44 m/s,年平均风速最大为 3.08 m/s(1976 年),年平均风速最小为 1.43 m/s(1965 年);一年中,风速 2 月最大(3.76 m/s)、8 月最小(1.44 m/s)(图 4.28)。

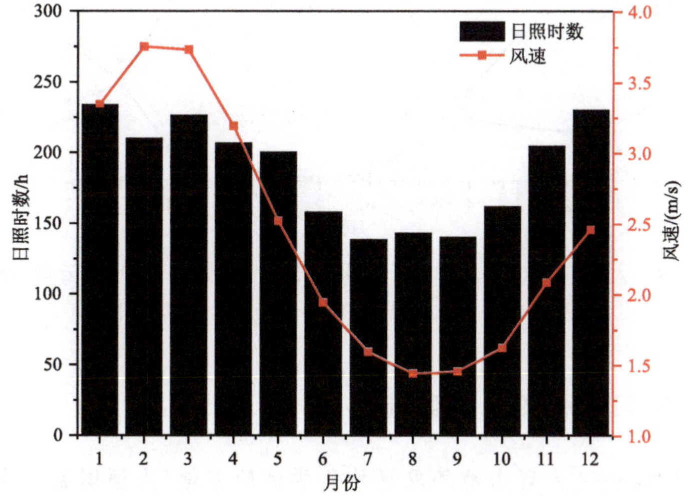

图 4.28　大理市 1961—2018 年月平均风速和月平均日照时数

年平均日照时数为 2253.37 h,年平均日照时数最大为 2644.3 h(1994 年),年平

均日照时数最小为 1893.90 h(1990 年)；一年中，日照时数 1 月最大(233.90 h)、7 月最低(138.62 h)(图 4.28)。

日平均总云量<2 成的年平均日数为 7.89 d，年平均最大为 12.25 d(1984 年)，年平均最小为 1.42 d(2016 年)；一年中，日平均总云量<2 成的日数 12 月最大(19.09 d)、7 月最小(0.34 d)。日平均总云量>8 成的年平均日数为 9.09 d，年平均最大为 25.50 d(2017 年)，年平均最小为 5.83 d(1972 年)；一年中，日平均总云量>8 成的日数 7 月最大(21.05 d)、1 月最小(1.88 d)(图 4.29)。

日平均低云量<2 成的年平均日数为 9.93 d，年平均最大为 13.50 d(1984 年)，年平均最小为 1.58 d(2016 年)；一年中，日平均低云量<2 成的日数 12 月最大(21.33 d)、7 月最小(2.05 d)。日平均低云量>8 成的年平均日数为 5.76 d，年平均最大为 23.92 d(2017 年)，年平均最小为 2.00 d(1981 年)；一年中，日平均低云量>8 成的日数 7 月最大(11.34 d)、1 月最小(1.57 d)(图 4.29)。

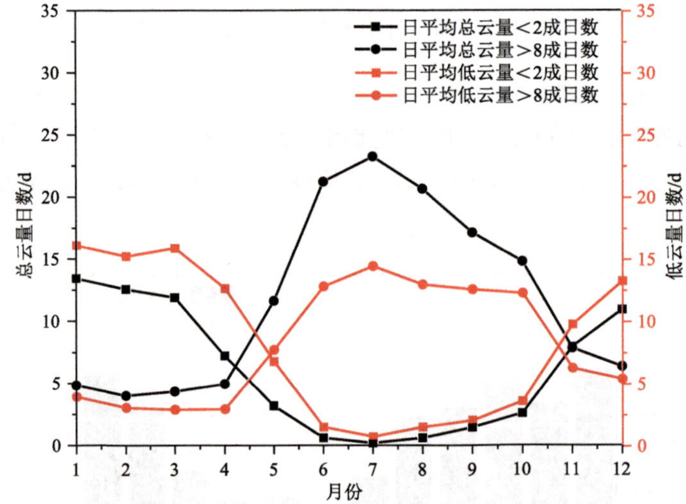

图 4.29　大理市 1961—2018 年日平均总云量<2 成，日平均总云量>8 成，日平均低云量<2 成，日平均低云量>8 成的日数

4.2.3　主要实习点和实习内容概况

4.2.3.1　实习路线一[大理山地气象野外科学试验基地(大理国家气候观象台)]

从昆明准静止锋科学实验基地(实习点 7)出发，沿着广昆高速、汕昆高速和昆楚大高速到达大理市，在大理市住一晚，第二天从大理市到大理国家气候观象台(实习点 8)进行 No. 12—No. 19 观测点的实习(图 4.30)。

图 4.30　大理地区实习路线一

(1)教学目的

认知大气边界层探测的种类、设备、工作原理、观测要素、数据和应用。

(2)主要实习内容

大理国家气候观象台(25°42′N、100°11′E,海拔 1990.5 m,下称大理观象台)位于云贵高原与横断山脉南端结合部,其所在地东邻容积约为 30.0 亿 m^3,面积超过 250 km^2 的高原湖泊洱海,西及绵延约 50 km、海拔 3800 m 左右的点苍山山脉,西面的点苍山与东面玉案山山脉(约海拔 2400 m)又形成两山对峙的峡谷,山脉和峡谷走向近似南北向(董保举,2017)。大理国家气候观象台处于最高海拔 4122 m 的点苍山和平均海拔 1972 m 的洱海之间的平坦农田中,其周边地区山地复杂地形特点明显,天气气候复杂多变,气象灾害种类繁多,是观测大气基本气候变量以及高影响天气变量的理想区域(图 4.31)。

大理观象台代表区域的地理位置特殊、地形地貌复杂,既是南亚季风和东亚季风的交汇区,以及东亚水汽输送的关键区,也是青藏高原大气热源加热的敏感区,同时还是各类数值模式模拟的难点地区。大理观象台的立项建设对南支槽、孟加拉湾风暴和高原冷空气东移以及西南涡南移等天气系统影响产生的暴雨、暴雪等灾害性天气有很好的监测预警作用,对改进我国西南地区乃至东亚区域的天气、气候模式和边界层、云物理过程参数化方案等起着重要性作用(徐安伦和李建,2017)。

早在 1932 年,大理观象台就曾开展简单的气象观测。1939 年,"中央气象局大理测候所"建立。截至目前,大理气象局保存下了 80 余年的气象观测记录。2006 年,中国气象局在多个不同气候关键区进行选址考察,在不同的生态区各建设一所具有区域代表性的气象观测站。最终,观测资料完备和气候区位优势让大理观象台脱颖而出,建设完成用于开展长期、稳定、连续气候观测的国家气候观象台,开展气候观测与技术研发与试验,获取高准确性、高精度、能够反映年代际到世纪时间尺度变化的气温、降水等基准观测资料,并参与全球气候观测系统(Global Climate Observa-

图 4.31　大理国家气候观象台(来源:大理国家气候观象台)

tion System,GCOS)计划(徐安伦和李建,2017)。

(3)主要观测点及观测项目

在大理观象台观测试验场建成边界层风(温)廓线雷达、Ka 波段云雷达、微波辐射计、20 m 边界层铁塔通量观测系统、地基 GPS 水汽监测系统、地面基准辐射站、双波长(红外波和微波)闪烁仪、闪电定位仪、大气电场仪、单点和区域尺度土壤水分自动观测系统等先进探测设备;在环洱海周边共建成 18 个多要素自动站、4 个两要素自动站。通过以上观测站网的建设布局,组成了一个复杂地形环境下的山地气象综合观测体系,覆盖了从地面、水面到高空大气物理参数的立体、三维监测(表 4.1)。

表 4.1　大理国家气候观象台观测系统、观测要素和观测时间

观测系统	观测要素	观测时间
地面气象常规观测	云量、云状、云高、能见度、天气现象、气压、气温、相对湿度、风速、风向、降水量、日照时数、蒸发量、浅层和深层地温、草面(雪面)温度、雪深等。	1951 年 1 月至今
区域自动气象站	大理市辖区 11 个乡镇的气温、降水量。	2006 年 7 月至今
近地层通量观测	4 层(铁塔 2、4、10、20 m 高处)气温、相对湿度、风速风向,5 层(地表下 4、10、20、60、100 cm 深处)土壤温度、体积含水量,3 层(地表下 4、10、20 cm 深处)土壤热通量,单层(铁塔 5.08 m 高处)三维风速、超声虚温、水汽和 CO_2密度,单层(距地 1.5 m 高处)辐射四分量、红外地表温度,气压,降水量,涡动相关法计算的动量、感热、潜热、CO_2通量等参数。	2006 年 12 月至今

续表

观测系统	观测要素	观测时间
地面基准气候的对比观测	主要观测要素为气温、降水量，辅助要素为总辐射、地表温度、风速，观测设备由芬兰VAISALA公司和天津气象仪器厂生产。	2007年1月—2008年12月
地基GPS水汽监测	大气可降水总量、中性大气的总延迟量、大气的湿延迟量、电离层电子浓度。	2007年2月至今
边界层风（温）廓线雷达	距地3～8 km高度范围的U风（东西风分量）、V风（南北风分量）、W风（垂直气流分量）、水平风速、水平风向、信噪比、湍流谱宽、大气折射率常数，距地1 km高度范围的虚温，高度分辨率为100 m。	2007年12月至今
洱海水上自动观测	离平台1.5 m高处气温、相对湿度、风速、风向、气压、降雨量、冰雹强度，水位，1 m深处水温、电导率、蓝绿藻含量、pH值、溶解氧、盐分；离平台2 m高处三维风速、超声虚温、水汽和CO_2密度，离平台1.5 m高处辐射四分量、光合有效辐射，离水面0.05、0.2、0.5、1、2、4、6、8 m深处水温梯度，涡动相关法计算的动量、感热、潜热、CO_2通量等参数。	2008年1月至今 2010年12月至今
GPS探空加密观测	对流层至低平流层的气温、相对湿度、气压、风速、风向、露点温度、混合比以及U、T风分量。	2008年3月、5月、7月，2011年8—9月，2012年6—7月
100 m铁塔风能观测	铁塔8.5 m高处气压，10、70 m高处气温、相对湿度、风速、风向，30 m高处风速，50、100 m高处风速风向，70 m高处三维超声风速。	2009年3月—2012年4月
天气现象自动观测	地面液态降水的图像采集。	2009年6月—2011年6月
土壤水分自动观测	8层（地表下0.1、0.2、0.3、0.4、0.5、0.6、0.8、1.0 m深处）土壤体积含水量、重量含水量、有效水分贮存量、相对湿度。	2010年4月至今
点苍山—洱海剖面典型山地气象观测	沿25.7°N点苍山—洱海区域不同海拔高度（4092、3520、2640、2130、1990、1975、2088 m）处的气温、相对湿度、风速、风向、气压、降雨量、草温、地表温度、浅层地温。	2010年12月至今
新型自动气候站	气温、相对湿度、降水量、地温、风速、风向、气压、蒸发量、能见度。	2010年12月至今
大气负氧离子自动监测	迁移率≥1.0、≥0.4的负离子浓度。	2011年12月至今
雷电监测	地闪强度、极性和陡度；大气电场强度。	2006年11月至今 2012年12月至今

续表

观测系统	观测要素	观测时间
雨滴谱仪	降雨类型、降雨强度、雨滴谱和雷达反射率。	2012 年 6 月—2013 年 2 月
微波辐射计	气温、相对湿度、水汽密度、液态水的垂直廓线。	2012 年 6 月—2013 年 2 月
大口径闪烁仪	大气折射率结构常数、区域感热和潜热通量。	2012 年 6 月至今
基准辐射站	总辐射、直接辐射、散射辐射、反射辐射、UV、UVA、UVB、光合有效辐射、大气长波辐射、地球长波辐射。	2014 年 10 月至今
环洱海生态气象“六要素”观测	环洱海周边布设 12 个“六要素”(气温、相对湿度、风速、风向、气压、降水量)自动站。	2017 年 1 月至今

引自:徐安伦和李建,2017。

No. 12:边界层气象要素的梯度塔观测。边界层气象要素的梯度塔观测系统通过对农田生态系统的辐射平衡、热量平衡、碳水循环,以及气候和生态环境状况等方面进行监测和分析,为政府部门进行生态环境建设和保护科学决策提供服务。大理国家气候观象台在农田下垫面和复杂地形(山谷、湖泊等)下的湍流通量研究方面已达到了国内先进水平(图 4.32)。

图 4.32　大理边界层铁塔观测

2006 年 12 月，大理国家气候观象台依托中日气象灾害合作研究 JICA(Japan International Co-operation Agency)项目建立了边界层铁塔综合观测系统并投入运行(图 4.32)。该观测系统铁塔高 20 m，观测要素包括：四层(2、4、10、20 m)风速、风向、气温和相对湿度，五层(4、10、20、60、100 cm)土壤温度和土壤体积含水量，三层(4、10、20 cm)土壤热通量，单层(5 m)三维风速、超声虚温、水汽密度、二氧化碳密度以及涡动相关法计算的动量、感热、潜热、二氧化碳通量等参数，单层(1.5 m)净辐射通量和红外地表温度，气压，降水量(杨艳军 等，2016)。

该观测系统主要针对人类活动最为频繁的大气边界层进行高密度连续观测，可获得当地边界层内气象要素和湍流等参数的时空变化规律、湍流运动特征及其对动量、热量和水汽的输送分布，其相关分析研究对天气预报、大气环境保护、农业生产、军事、建筑设计(特别是高层建筑)等都有重要的指导意义。

梯度塔观测的优点：①所测物理量时空同步，能较好代表所测空间位置处的大气特征；②全天候实时观测；③资料是直接探测的结果，不需要反演处理，可信度高；④可发展为一个多功能的观测平台；⑤仪器维护简便(王成刚，2019)。

梯度塔的选址：选择较好地反映本地较大范围的气象要素特点的地方。塔周围障碍物的影子不能投射到辐射观测仪器的受光面上，在日出日落方向，障碍物的高度角不超过 5°，附近无强反射阳光的物体。尽量减少塔阴影效应对观测仪器的影响，将感应元件安装在离塔体处的迎风方向或安装在铁塔的顶部。塔体本身会对风场的测量有一定的影响，如：正方形的框架式塔对风场的影响率在 25％～50％；正三角形的塔的影响率约 35％，阴影区内风速减小量随观测角度服从高斯分布，且塔架引起的风速相对误差不随来流风速变化。塔身对气流影响的区域有 2 个：①贴近塔身，距离＜塔身直径的区域；②距离＞塔身直径的区域。塔上伸臂长度可通过风洞模拟实验或数值模拟方法来计算，如：北京 325 m 塔的伸臂长度取 4 m，彼此相隔 180°的双伸臂安装方式(王成刚，2019)。

梯度塔观测数据的处理：①质量控制，包括：逻辑、极值检验，僵值检验，时间一致性检验，相似一致性检验，决策算法，质量控制码的标注，人工干预检验。②数据处理，包括：矢量平均法(利用风向和风速数据，先将风速分解在 u，v 两个方向上，再对两个方向的风速求平均，求出平均后的合速度作为这段时间的平均风速，合速度的方向为平均风速的方向)，最高频率风向法(将风向从 0°—360°划分为 16 个方位，然后取出现频率最多的风向为最终风向；这种方法能有效地避免风向平均时遇到的“过零问题”)(王成刚，2019)。

No.13：大气边界层湍流观测。在梯度塔上可以看到一套观测大气边界层湍流的仪器——涡动相关系统。该系统利用快速响应传感器来测量湍流特征，以及地表与大气之间物质、能量、动量的交换。该系统由三维超声风温仪(获取 10～50 Hz 的高频三维风速和超声虚温)、H_2O/CO_2红外气体分析仪(获取高频的 H_2O 和 CO_2浓度值)组成。三维超声风温仪由 120°张角的三组探头组成,垂直测量路径为 10 cm。每一组正对的两个探头都要沿该组探头的轴线方向交替发射超声波信号并被对面探头接收。由于沿探头轴线方向的风速分量的影响,使声音到达接收器的时间随风速而变化,从而获取三相正交风速分量(u,v,w)和超声虚温(王成刚,2019)。

边界层气象学是以湍流理论为基础。1883 年雷诺(Reynolds)发现湍流,湍流研究进入快速发展时期,如混合长理论的提出,湍流均匀各向同性理论的应用,湍流能谱与频谱之间的−5/3 幂次关系的建立。最早对大气湍流的定量观测在 1917 年,泰勒(Taylor)利用气球和风杯观测数据进一步得到了湍流的涡动通量和非各向同性的特征。1941 年,科尔莫哥洛夫(Kolmogorov)通过量纲分析得到湍流能谱和频率之间的−5/3 幂次关系。1954 年,莫宁(Monin)和奥布霍夫(Obukhov)发现了湍流的相似性理论。1971 年,布辛格(Businger)等利用美国堪萨斯观测资料得到了莫宁-奥布霍夫(Monin-Obukhov)相似性函数的具体表达式。1982 年,Dyer(戴尔)对莫宁-奥布霍夫相似性函数的具体表达式进行了完善。20 世纪 60 年代开始,随着超声风速仪、热线风速仪、涡动相关系统、大孔径闪烁仪和其他快速响应仪器的问世,以及计算机的应用使得湍流脉动资料的获取和计算处理成为了可能(王成刚,2019;蔡旭辉,2008;高志球 等,2004)。

涡动相关观测数据的处理:①野点剔除(异常值);②坐标旋转(使平均风与 x 轴平行,侧风和垂直风速平均值为 0);③去趋势(用累积频率分布方法分析通量低频损失后得出通量资料采用 30 min 的总体平均,但低风速特别是夜间稳定层结下,平均时间可能需要加长到 12 h);④时间滞后修正(红外气体分析仪测得的 H_2O/CO_2信号滞后于超声风温仪所测速度的信号,根据两种信号的最大协方差分析来确定滞后时间);⑤高低频响应订正(传感器结构问题和取平均时间不足造成的通量高低频损失,一般采用标准的协谱订正);⑥超声虚温订正(超声风温仪测得的温度不是真实的空气温度,是超声虚温,包括了比湿的影响);⑦密度效应订正(空气密度脉动对微量气体通量影响的订正)(王成刚,2019)。

No. 14:风廓线雷达观测。风廓线雷达是一种新型测风雷达,它以晴空大气湍流对入射电磁波的散射回波为探测对象,采用多普勒雷达收发技术,通过测量东、南、西、北 4 个倾斜波束和垂直波束方向上的多普勒速度以获取水平、垂直风场等气象要素随高度的分布和时间的变化(Ecklund 等,1988)。风廓线雷达有较高的时空分辨率,广泛应用于航空航天、水文水利、大气环境监测和天气预报等方面。边界层风廓线雷达的工作频率为 915 MHz 和 1290 MHz,探测高度约 3 km。边界层风廓线雷达具有获取资料种类多(风场、回波功率、径向速度、速度谱宽、信噪比、折射率结果常数)、时空分辨率高(探测周期为 6 min、空间分辨率为几十米)、测量精度高(较少出现径向速度模糊问题)的特征。通过边界层风廓线雷达原始数据,可计算出垂直风切变大小、湍流耗散率等物理量,可分析出边界层顶、切变线、急流区、锋区、大气重力波等天气信息(王成刚,2019;全国气象仪器与观测方法标准化技术委员会,2021a)。

风廓线雷达由天线分系统、发射分系统、数字接收分系统、信号处理分系统、雷达监控分系统、标定分系统、通信分系统和数据处理及应用终端等构成。风廓线雷达以晴空大气湍流作为探测对象,大气湍流主要由大气动力和热力不均匀分布引起,湍流活动使大气风、温度、湿度、气象和折射率等要素场呈现涨落。大气要素的涨落使大气折射率产生相应的变化,风廓线雷达发射的电磁波信号被湍流散射,其中的后向散射部分被天线接收,形成回波信号。这种由于大气折射指数不均匀造成的回波信号为晴空回波。可利用折射率结构常数和信噪比来判断边界层高度,如:在边界层顶部大气的温度、湿度和折射率结构常数等物理量有明显的跃变特征;在对流边界层发展期,雷达回波信号和信噪比的值较大。风廓线雷达资料在使用前需要处理,包括:数据合理性检验(奇异点)和连续性检验(王成刚,2019;全国气象仪器与观测方法标准化技术委员会,2021a)。

2007 年 12 月,大理国家气候观象台依托中日气象灾害合作研究 JICA 项目建立了 WPR LQ-7 型边界层风廓线雷达并投入运行(图 4.33)。该雷达主要由天线装置(7 个)、发射接收装置(主机柜)、信号处理和数据处理装置组成,发射频率为 1290 MHz,可探测距地 3～8 km 高度范围的 U 风(东西风分量)、V 风(南北风分量)、W 风(垂直气流分量)、水平风速、水平风向、信噪比、湍流谱宽、大气折射率常数,距地 1 km 高度范围的虚温,高度分辨率为 100 m,对认识复杂山地大气边界层风

图 4.33　大理风廓线雷达观测

场精细结构以及监测大风、雷电、暴雨等灾害性天气的风场演变具有重要意义。

No. 15：毫米波(Ka 波段)云雷达。这是测量云类型及结构的主动式雷达，它通过向天顶发射一定功率的辐射能量穿透云层时，被云滴/冰晶粒子散射、吸收与反射等作用后能量发生衰减，通过白色天线接收回波信号，可以反演获得云量、云类型(低云、中层云和高层云(或冰云))、云滴大小、云层垂直结构分布信息(图 4. 34)。

图 4. 34　大理毫米波(Ka 波段)云雷达

No. 16：大口径闪烁仪观测。2012 年 6 月，中国气象科学研究院灾害天气国家重点实验室提供了大口径闪烁仪并将其安装在洱海湖滨农田下垫面，合作开展区域尺度的大气折射率结构常数和感热通量观测(图 4. 35)。2018 年 3 月，中国气象科学研究院灾害天气国家重点实验室提供了微波闪烁仪，与原有的大口径闪烁仪组建成双波长(微波和红外波)闪烁仪。该闪烁仪可实时获取 1. 85 km 路径下的地表感热和潜热通量，为研究山地非均匀下垫面湍流输送和能量交换、改进千米级分辨率模式中次网格地形热动力效应参数化方案等提供重要支撑(徐安伦和李建，2017)。

No. 17：地基 GPS 水汽监测系统。GPS 地基水汽探测是通过测量穿过空间/大气层的 GPS 信号延迟来获得大气/空间环境中的各种参数，包括大气温、压、湿以及电离层信息。其能高密度和连续提供实时大气水汽监测数据，配合常规探测系统、天气雷达、卫星和地面自动站等，可为中小尺度灾害性天气预报和人工影响天气提供数据，代表了新的高科技探测手段(徐安伦和李建，2017)(图 4. 36)。

No. 18：微波辐射计。微波辐射计是一种被动式的微波遥感设备，本身不发射电

图 4.35　大理双波长(微波和红外波)闪烁仪发射端(左)和接收端(右)

图 4.36　大理 GPS 水汽观测系统

磁波,而是通过接收目标物辐射的微波能量来探测其特性,可对地面到 10 km 高度的温度、湿度及液态水等要素的垂直结构分布进行探测(张瑞生,1984)。其工作原理是:当物体温度>0 K 时,物体就会向外界辐射电磁能量,且每种物质的辐射特征不同。微波辐射计通过测量天线接收到的辐射功率来反演目标物的亮度温度。微波辐射计主要探测水汽和氧气,在频率 22.235 GHz(波长为 1.35 cm)处,大气水汽分子具有强烈的吸收作用,在 60 GHz 处,氧分子有很强的吸收作用。因此,用 22～30 GHz频段(此频段,任何高度的辐射与该高度处的温度和水汽分子密度成正比)来探测大气的水汽,用 51～59 GHz 频段(此频段,任何高度的辐射与该高度处的温度和氧分子密度成正比)来探测大气的温度(王成刚,2019;全国气象仪器与观测方法标准化技术委员会,2021b)(图 4.37)。

图 4.37　大理微波辐射计

微波辐射计探测资料的处理:①逻辑检查;②极值检查;③时间一致性检查;④最小变率检验;⑤空间一致性检查;⑥辐射传输技术检验(针对每个通道的亮温,利用辐射传输方程和独立来源的大气层结资料进行亮温仿真计算);⑦实际探空数据检验(王成刚,2019;全国气象仪器与观测方法标准化技术委员会,2021b)。

No. 19:农气观测。农业气象目前都是人工观测,观测水稻和夏玉米(大春)、蚕豆和冬马铃薯(小春)的发育期。2023 年开展物候自动观测设备的试验,自然物候观测的是旱柳的发育期(姜会飞,2017)(图 4.38)。

图 4.38　大理农业气象观测(左:水稻;右:烤烟)

(4)思考题及作业

①查阅文献，讨论大气边界层主要研究内容和方法有哪些？

②利用大气边界层探测资料，分析边界层结构特征。

4.2.3.2　实习路线二(大理天气雷达站)

从大理国家气候观象台(实习点 8)出发，沿着 G5621 到大理天气雷达站进行 No. 20 观测点的实习(图 4.39)。

图 4.39　大理地区实习路线二

(1)教学目的

初步掌握如何看天气雷达图。

(2)主要实习内容及观测点

No. 20：大理天气雷达站。大理新一代天气雷达站坐落于大理市凤仪镇文笔山顶(25°36′50″N、100°25′52″E，海拔高度 2915 m)(图 4.40)。大理新一代天气雷达于 2011 年 12 月 19 日完成了天线部分的吊装，2012 年开始进入调试运行，2013 年 3 月雷达系统通过中国气象局气象探测中心组织的现场测试后正式投入业务运行。

大理新一代天气雷达是全国雷达网统一布点的最先进的新一代多普勒 C 波段天气雷达，除能测定云雨目标物的空间位置、强弱分布、垂直结构等作用外，还可以利用多普勒效应来测定降水粒子的径向运动速度，推断降水云体的移动速度、风场结构特征、垂直气流速度等。大理新一代天气雷达不仅可以有效地监测大理州境内的暴雨、冰雹等灾害性天气的发生、发展，同时还具有良好的定量测量回波强度的性能，可

图 4.40 大理天气雷达站

以定量估测大范围降水，实时提供多种灾害性天气的自动识别、追踪产品。

C 波段雷达图地物识别的方法：使用 6 个参量，包括与回波强度有关的 3 个(回波的纹理变化、垂直变化、沿径向的空间变化程度)和与速度有关的 3 个(经过中值滤波的径向速度、速度谱宽、径向速度的方差)。层状云和对流云回波的纹理变化＜20，地物回波的值＞40，即地物回波的纹理变化明显大于降水回波。地物回波的径向变化程度明显大于降水回波。地物回波多出现在低层，仰角升高后，地物回波一般明显减弱或消失。地物回波垂直变化的值基本为负值，且绝对值较大，而降水回波垂直变化的值基本为正值。地物回波为静止的，降水回波一般具有明显的速度。地物回波除中值速度与降水回波有明显差异外，中值谱宽、速度方差与降水回波没有明显差别(江源 等，2009)。

(3)思考题及作业

多普勒天气雷达和相控阵天气雷达的异同点有哪些？它们在灾害性天气监测和预警中的作用是什么？

4.2.3.3 实习路线三(点苍山-洱海剖面观测系统)

(1)教学目的

①了解复杂下垫面气象观测的选址。

②认知复杂下垫面气象要素的测量。

(2)主要实习内容

横断山区多个自动气象观测站；大理洱海东岸、点苍山山顶及其东西两侧不同海拔高度 8 个多要素自动气象站组成的典型山地气象剖面观测系统(图 4.41)。以大理国家气候观象台为基础,沿 25.70°N 左右做剖面建了 6 个观测站(图 4.41)。

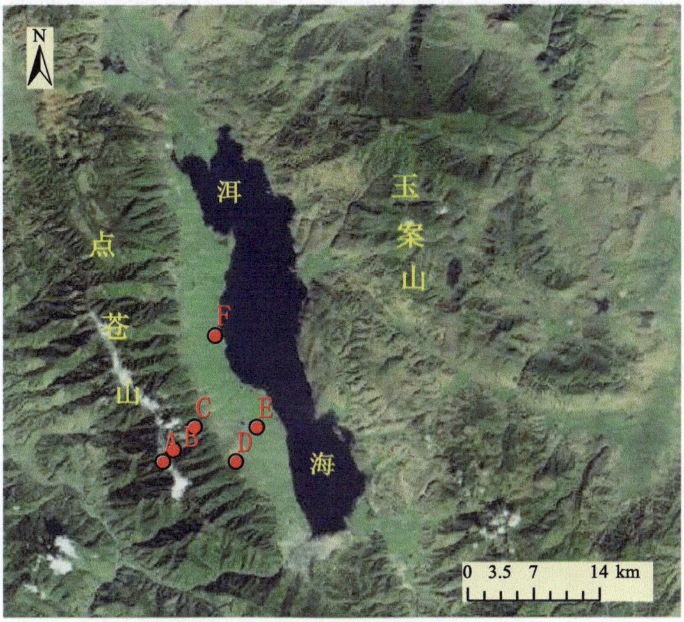

图 4.41　点苍山-洱海剖面观测系统

复杂下垫面观测点的选取,首先要有明确的科学目的和观测目的;仪器(包括种类、技术性能、维护成本等)的选择与观测目的密切相关;不能破坏观测范围内固有的小气候特征;观测地点要有独立性和代表性,复杂下垫面通常设立 2~4 个重复点,以便取其平均值或进行误差分析,设立多个观测点,为了反映气象要素的水平分布特征;仪器架设高度需要根据实验目的、实验内容具体设定,通常在垂直方向上设 3~5 个高度;观测仪器的安装高度应该由北向南依次递减,力求做到一种仪器不受另一种仪器阴影的遮蔽(王成刚,2019)。

自动气象站资料处理:①瞬时值检验;②时间连续性检验;③空间连续性检验;④内部一致性检验(王成刚,2019)。

(3)主要观测点及观测项目

No. 21:环洱海生态气象"六要素"观测设备、要素。观测要素包括:风向、风速、温度、湿度、气压、雨量。

No. 22:洱海水上自动观测系统。在洱海北部、中部和南部近岸水域建成 3 套水上平台生态气象观测系统,组成洱海水环境气象综合观测网(图 4.42)。观测要素包括:风速、风向、温度、湿度、雨量、四分量辐射、湍流通量。其中,湍流通量观测包括陆-气通量和湖-气通量。陆-气通量是指，近地面由于湍流而引起的物质和能量的垂直输送，包括陆-气界面的动量、感热、潜热（水汽）和二氧化碳通量等；湖-气通量是指，湖面由于湍流而引起的能量和物质的垂直输送，包括湖-气界面的动量、感热、潜热（水汽）和二氧化碳通量等。动量通量是指，空气在运动过程中，单位时间内通过单位面积所传输的动量；感热通量是指，在不发生物体和媒质的相态变化前提下，因湍流运动引起的单位时间内通过单位面积的热量；潜热通量是指，空气中水汽发生相变时，因湍流运动引起的单位时间内通过单位面积的热量；水汽通量是指，陆地（海洋）-大气界面因湍流运动引起的单位时间内通过单位面积的水汽垂直输送量；二氧化碳通量是指，陆地（海洋）-大气界面因湍流运动引起的单位时间内通过单位面积的二氧化碳垂直输送量。湍流通量观测方法为：涡动相关法、涡动协方差法，是指通过大气中某物理量（如水平风速、温度、水汽密度和二氧化碳密度等）脉动量与垂直风速脉动量的协方差，求算湍流输送通量的方法（全国气象仪器与观测方法标准化技术委员会，2017b）。

图 4.42　洱海水上观测平台

No. 23：点苍山-洱海立体剖面系统。点苍山-洱海剖面典型山地气象观测站点信息（表 4.2）。

表 4.2　各自动站站点信息（董保举，2017）

站名	纬度/(°)	经度/(°)	海拔/m	备注
A	25.67	100.09	4092.0	点苍山电视台
B	25.68	100.10	3520.0	点苍山衫飓亭
C	25.70	100.12	2640.0	点苍山白雀寺

续表

站名	纬度/(°)	经度/(°)	海拔/m	备注
D	25.67	100.16	2130.0	点苍山阳和
E	25.70	100.18	1990.5	大理国家气候观象台
F	25.78	100.14	1975.4	洱海水上点

(4)思考题及作业

简单分析点苍山-洱海剖面气象要素特征差异。

4.3　高黎贡山

4.3.1　地理位置

高黎贡山分为北、中、南三段。北段在怒江州境内，世界上长度最长、高差最大的怒江大峡谷即在这一区域。中段为中缅界山，南段则分为两支，东支称高黎贡山，从保山市的腾冲、龙陵与德宏州交界处经过进入缅甸；西支变为东北一西南走向，沿着中缅边界延伸，主要分布在德宏州的境内。

高黎贡山是南北走向的横断山系中最西端的山脉，这条山脉北接青藏高原，是念青唐古拉山山脉的南延部分。高黎贡山是青藏高原与中南半岛间的桥梁、人类迁移和演化的走廊(图 4.43)。

4.3.2　气候概况

高黎贡山最大垂直高差达 4368 m，其气候由南到北变化明显，垂直温差大，具有明显的低纬山地气候特征(刘争毅，2022；黄大华和傅绍铭，1985；余皖云，2021)，且干湿季明显。湿季，高黎贡山受暖湿气流的影响最大，并对其形成了强烈的阻挡作用，导致山脉东西两侧有强烈的温湿差异(黄大华和傅绍铭，1985；邢雯雯 等，2021)。干季主要受到西风影响，整体降水偏少(李耀孙 等，2021)。

4.3.2.1　保山

根据保山市气象站 1961—2018 年观测资料统计，保山市年均气温为 16.12 ℃，年平均气温最高为 17.71 ℃(2016 年)，年平均气温最低为 15.12 ℃(1968 年)；一年中，气温 6 月最高(21.41 ℃)、1 月最低(8.88 ℃)(图 4.44)。

年平均降水量为 970.87 mm，年平均降水量最大为 1368.30 mm(2001 年)，年平均降水量最小为 663.30 mm(2009 年)；一年中，降水量 8 月最多(183.16 mm)、12 月

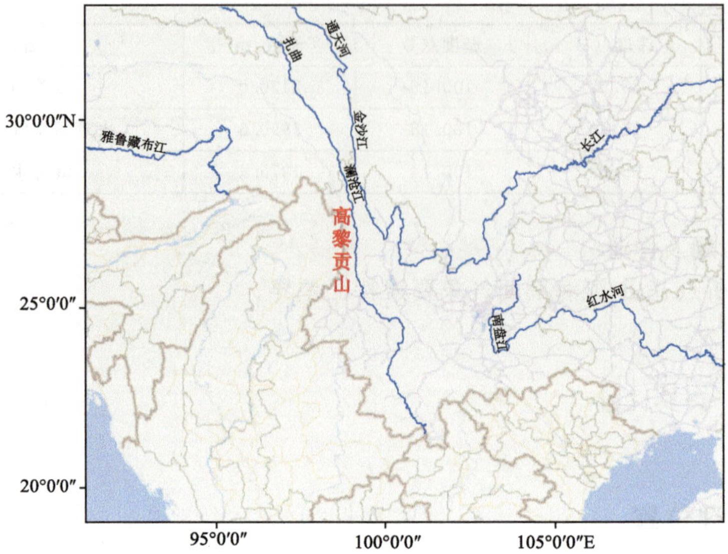

图 4.43　高黎贡山地理位置

最少(13.19 mm)(图 4.44)。

年平均蒸发量为 1575.31 mm,年蒸发量最大为 1828.50 mm(1969 年),年平均蒸发量最小为 1002.7 mm(2018 年);一年中,蒸发量 5 月最大(184.94 mm)、12 月最小(95.20 mm)(图 4.44)。

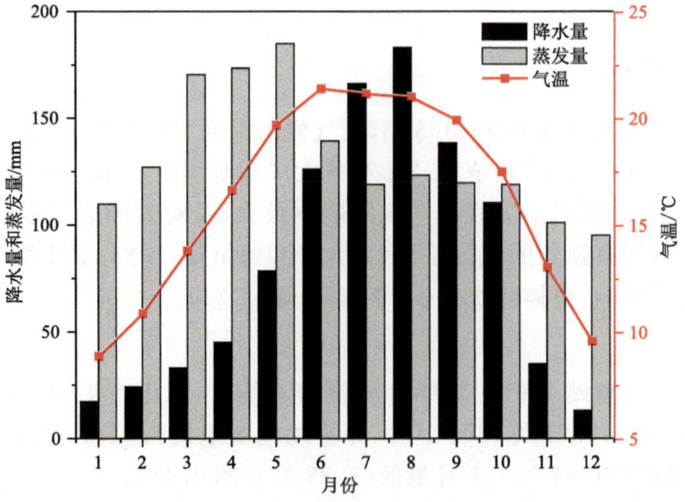

图 4.44　保山市 1961—2018 年月平均气温、月总降水量和月总蒸发量

年平均风速为 1.51 m/s，年平均风速最大为 2.04 m/s(1975 年)，年平均风速最小为 0.22 m/s(2000 年)；一年中，风速 3 月最大(2.08 m/s)、8 月最小(1.09 m/s)(图 4.45)。

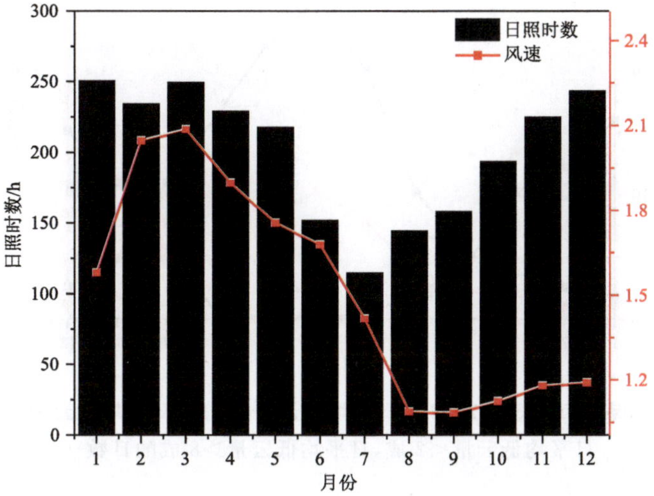

图 4.45　保山市 1961—2018 年月平均风速和月平均日照时数

年平均日照时数为 2414.49 h，年平均日照时数最大为 2952.80 h(2009 年)，年平均日照时数最小为 1978.40 h(2001 年)；一年中，日照时数 1 月最大(250.30 h)、7 月最小(114.71 h)(图 4.45)。

日平均总云量＜2 成的年平均日数为 6.43 d，年平均最大为 9.58 d(1999 年)，年平均最小为 2.75 d(2018 年)；一年中，日平均总云量＜2 成的日数 1 月最大(16.00 d)、7 月最小(0.05 d)。日平均总云量＞8 成的年平均日数为 10.53 d，年平均最大为 25.17 d(2018 年)，年平均最小为 6.75 d(1994 年)；一年中，日平均总云量＞8 成的日数 7 月最大(25.75 d)、1 月最小(1.81 d)(图 4.46)。

日平均低云量＜2 成的年平均日数为 8.92 d，年平均最大为 11.67 d(1969 年)，年平均最小为 3.33 d(2018 年)；一年中，日平均低云量＜2 成的日数 1 月最大(19.05 d)、7 月最小(0.28 d)。日平均低云量＞8 成的年平均日数为 4.32 d，年平均最大为 24.42 d(2018 年)，年平均最小为 0.58 d(1977 年)；一年中，日平均低云量＞8 成的日数 7 月最大(10.30 d)、3 月最小(1.07 d)(图 4.46)。

4.3.2.2　怒江

根据六库市气象站 1977—2018 年观测资料统计，六库市年均气温为 20.28 ℃，年平均气温最高为 21.35 ℃(1999 年)，年平均气温最低为 19.43 ℃(1983 年)；一年

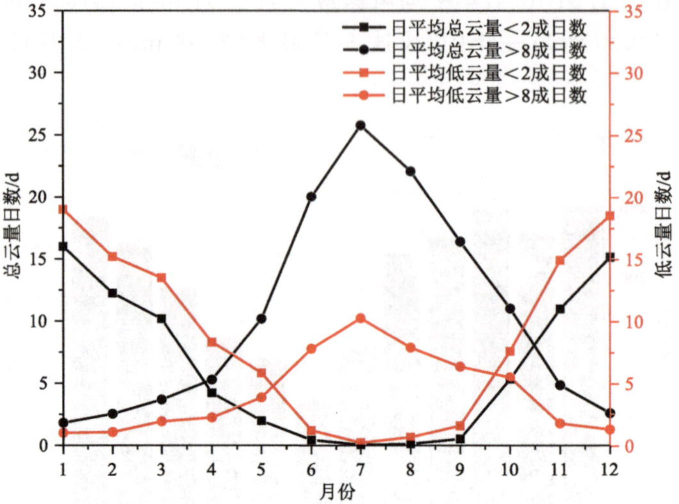

图 4.46 保山市 1961—2018 年日平均总云量<2 成,日平均总云量>8 成,日平均低云量<2 成,日平均低云量>8 成的日数

中,气温 6 月最高(25.14 ℃)、1 月最低(13.62 ℃)(图 4.47)。

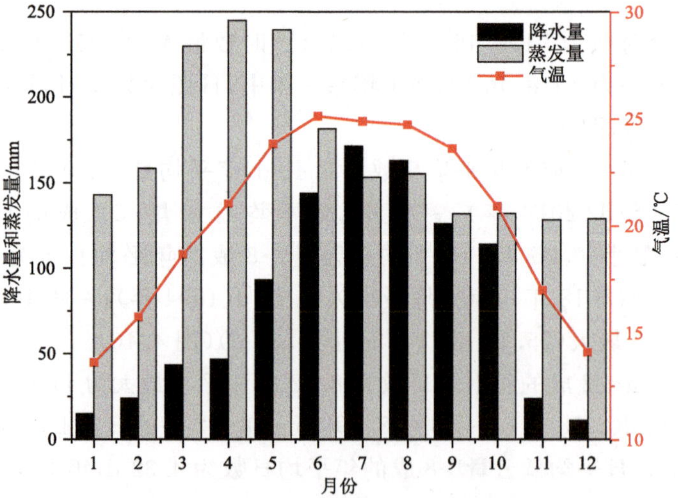

图 4.47 六库市 1977—2018 年月平均气温、月总降水量和月总蒸发量

年平均降水量为 975.08 mm,年平均降水量最大为 1283.40 mm(2004 年),年平均降水量最小为 622.40 mm(2009 年);一年中,降水量 7 月最多(171.33 mm)、12 月最少(11.01 mm)(图 4.47)。

年平均蒸发量为 2017.42 mm，年平均蒸发量最大为 2425.90 mm(1979 年)，年平均蒸发量最小为 1058.10 mm(2018 年)；一年中，蒸发量 4 月最大(244.79 mm)、11 月最小(128.26 mm)(图 4.47)。

年平均风速为 1.31 m/s，年平均风速最大为 1.64 m/s(1992 年)，年平均风速最小为 0.95 m/s(1985 年)；一年中，风速 4 月最大(2.07 m/s)、12 月最小(0.92 m/s)(图 4.48)。

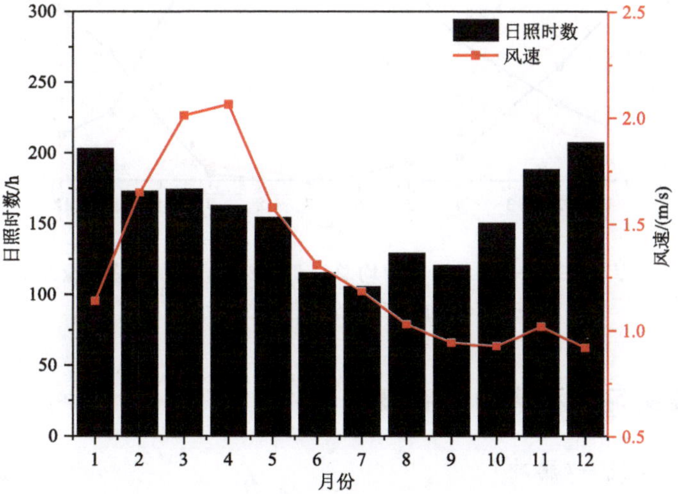

图 4.48　六库市 1977—2018 年月平均风速和月平均日照时数

年平均日照时数为 1881.81 h，年平均日照时数最大为 2262.70 h(1994 年)，年平均日照时数最小为 1574.00 h(1991 年)；一年中，日照时数 12 月最大(207.00 h)、7 月最小(105.33 h)(图 4.48)。

日平均总云量<2 成的年平均日数为 5.17 d，年平均最大为 8.33 d(2013 年)，年平均最小为 2.67 d(2018 年)；一年中，日平均总云量<2 成的日数 12 月最大(13.85 d)、7 月最小(0 d)。日平均总云量>8 成的年平均日数为 13.18 d，年平均最大为 25.33 d(2018 年)，年平均最小为 9.25 d(2009 年)；一年中，日平均总云量>8 成的日数 7 月最大(26.27 d)、12 月最小(3.63 d)(图 4.49)。

日平均低云量<2 成的年平均日数为 7.04 d，年平均最大为 10.08 d(1994 年)，年平均最小为 2.92 d(2018 年)；一年中，日平均低云量<2 成的日数 12 月最大(16.93 d)、7 月最小(0.29 d)。日平均低云量>8 成的年平均日数为 7.33 d，年平均最大为 24.83 d(2018 年)，年平均最小为 2.25 d(1994 年)；一年中，日平均低云量>8 成的日数 7 月最大(13.41 d)、12 月最小(2.61 d)(图 4.49)。

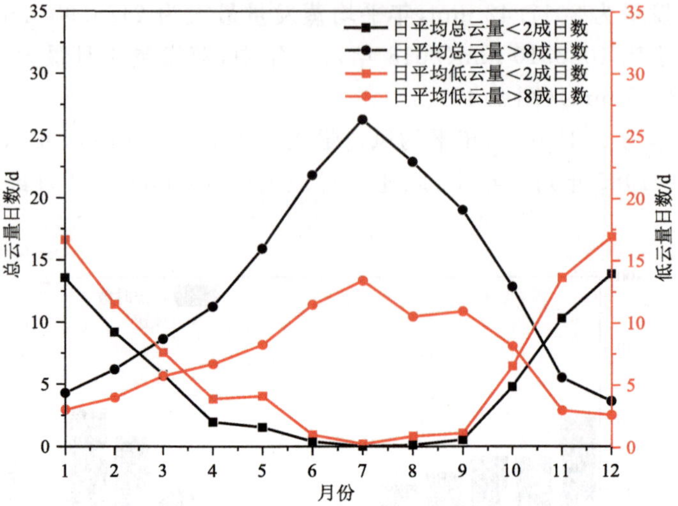

图 4.49　六库市 1977—2018 年日平均总云量＜2 成，日平均总云量＞8 成，日平均低云量＜2 成，日平均低云量＞8 成的日数

4.3.3　主要实习点和实习内容概况

4.3.3.1　实习路线一(腾冲)

从大理国家基准气候观象台(实习点 8)出发，沿着杭瑞高速公路到达腾冲市，在腾冲市住一晚，然后进行实习点 9 的实习(图 4.50)。

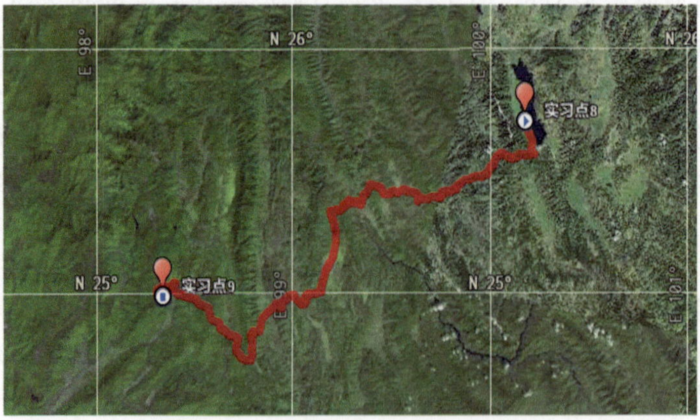

图 4.50　高黎贡山地区实习路线一

(1)教学目的

①了解天气预报流程；

②了解气象服务流程；

③掌握地形对气候的影响；

④认知森林生态气象观测。

(2)主要实习内容及观测点

No. 24：腾冲市气象局。腾冲市气象局成立于 1950 年 12 月 13 日，承担着高空、地面大气探测，酸雨、辐射、GPS 水汽通量观测，天气、气候预测、预报研究，人工影响局部天气，防雷减灾、气象科技服务、气象科普宣传等工作。探测资料参加国际交换，2005 年 7 月被世界气象组织确定为全球气候观测系统(GCOS)地面站，早在 1911 年，英国就在腾冲建立了“海关测候所”，观测气压、气温、湿度、降水、风、云、天气状况等，现有 100 余年的气象资料(图 4.51)。

图 4.51　腾冲市气象局

No. 25：腾冲北海湿地陆-气通量观测站。从腾冲市气象局出发，沿着 G219 国道到达北海湿地，进行 No. 25 的实习(图 4.52 和图 4.53)。

No. 26：腾冲林家铺森林生态气象观测站。从腾冲北海湿地，沿着 G219 国道到达林家铺，进行 No. 26 的实习(图 4.52)。林家铺是古驿道上马帮从东坡到西坡，翻越高黎贡山最后一个歇脚打尖的地方，也是从西坡攀登高黎贡山到东坡的起点。如果时间充足，可从林家铺徒步到百花岭。

(3)思考题及作业

森林生态气象监测的意义？中国有哪些森林生态气象站？

图 4.52　腾冲地区实习观测点

图 4.53　腾冲北海湿地陆-气通量观测站

4.3.3.2　实习路线二(贡山)

实习点 9 包括腾冲和贡山两个地点。从腾冲出发,沿着杭瑞高速公路和保沪高速公路达到怒江大峡谷,进行观测点 No. 27 的实习,在泸水市住一晚,第二天从观测点 No. 27 沿着 G219 国道到达独龙江国家公园,进行观测点 No. 28 的实习,在独龙族自治县住一晚,第三天,继续沿着 G219 国道到达怒江第一湾,进行观测点 No. 29 的实习(图 4.54)。

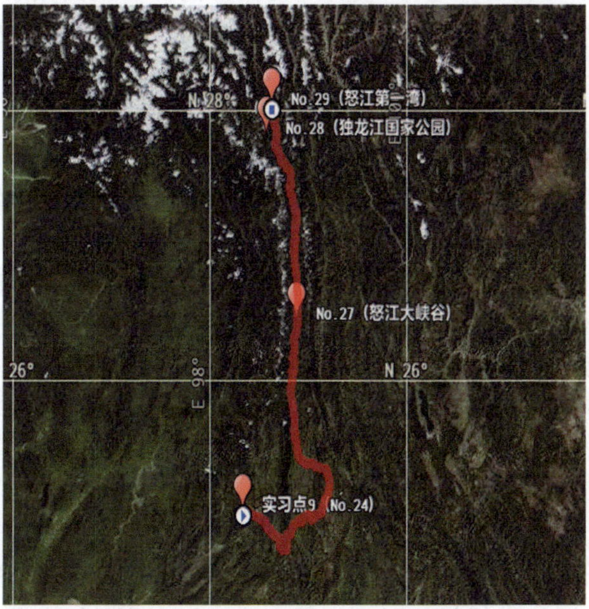

图 4.54　高黎贡山地区实习路线二

(1)教学目的

①认知“双雨季”气候特征及其形成原因;

②了解高黎贡山北段和南段天气气候的差异;

③认知高黎贡山东西两坡山谷风环流。

(2)主要实习内容

①双雨季气候。云南属于季风气候,干湿季分明,5—10 月为雨季,11 月—翌年 4 月为干季。然而,怒江州北部具有“双雨季”(2—4 月、6—10 月)特征,其降水量是周围少雨区(大理、迪庆、丽江)的 2～3 倍。2—4 月为桃花盛开的季节,当地称为“桃花汛”(袁利平 等,2011)。“桃花汛”的特点是雨量大、持续时间长、影响范围广,强降水及其引发的滑坡、泥石流等次生灾害常常冲毁民房、淹没农田、毁坏公路,中断通信,给地方经济和人民生命财产安全造成严重损失(袁利平 等,2012)。

“桃花汛”集中于26.8°—28.7°N,98.8°—99.6°E,处于青藏高原的东南角,是北半球大气流体绕高原南缘流动的涡旋发生区和气流汇集区,易产生上升运动成云致雨。怒江河谷两侧是南北向的高黎贡山和碧罗雪山,它是南方湿润气流北上和青藏高原冷空气南下的通道,但山体却屏障了东西向水汽的进入,大范围东西运动气流与南北向笔直山脉近似成90°的夹角,地形抬升作用强烈,加剧了上升运动的强度。缅甸的那加山脉与东西向的喜马拉雅山构成了朝西南方开口的雅鲁藏布江-布拉马普特拉河谷(简称“雅-布河谷”)地形,使得印度阿萨姆邦和我国藏东南降水丰沛,同时与南北向的高黎贡山构成朝南开口的马蹄地形,迫使西南气流迎坡动力辐合上升,水汽遇冷凝结,形成浓密的云层并产生山前山后的地形降水。当气流翻过高黎贡山之后,由于碧罗雪山(海拔4000 m以上)尤为陡峭,成为气流难以逾越的屏障,往往受阻于碧罗雪山以西的怒江河谷,使其降水丰沛。自1月份以后青藏高原南侧的南支西风气流不断加强,南支槽活动频繁,同时,春季在喜马拉雅山脉南缘有一个狭窄的低压带存在,卫星云图上多小云团活动,流场上刚好在雅-布河谷到怒江州形成明显的气旋性弯曲,怒江州正好处于槽前西南气流输送水汽和沿横断山脉爬坡抬升作用以及沿青藏高原的偏北气流带下的冷空气交汇之处,故春季多雨,出现了云南仅有的“桃花汛”这一气候现象。

②高黎贡山垂直剖面气象观测。通过自动气象站的布局,认知高黎贡山北段东坡垂直降水变化特点。

(3)主要观测点

No.27:怒江大峡谷国家公园。怒江大峡谷国家公园位于云南省怒江傈僳族自治州,总面积35.88×10^4 hm^2,规模属于大型国家公园。范围涉及泸水、福贡、贡山3个县,西起缅甸联邦与我国云南保山市,北至西藏自治区的察隅县,南临保山市,东部边界分别与迪庆藏族自治州的德钦县、维西县,怒江州的兰坪县,大理白族自治州的云龙县接壤。国家公园由怒江大峡谷西岸的高黎贡山和东岸的碧罗雪山两部分组成,其中高黎贡山部分位于25.33°—28.09°N,98.23°—98.52°E之间,面积21.65×10^4 hm^2;碧罗雪山位于25.56°—28.13° N,98. 29°—99.01° E之间,面积14.23×10^4 hm^2。

No.28:独龙江国家公园。独龙江国家公园位于贡山独龙族怒族自治县境内,依托怒江傈僳族自治州境内的高黎贡山国家级自然保护区贡山片区及其周边资源而建,地处青藏高原南延部分横断山脉纵谷区。地理坐标98°07′58″—98°37′17″E,27°30′39″—28°24′22″N,东至高黎贡山西坡与贡山县丙中洛乡毗连,北与西藏自治区察隅县接壤,西面及南面与缅甸联邦相邻。独龙江国家公园规划总面积为21.72×10^4 hm^2,规模属于大型国家公园。

No.29:怒江第一湾。怒江,流经云南贡山县丙中洛乡日丹村附近,由于王箐大悬岩绝壁的阻隔，江水的流向从由北向南改为由东向西，流出 300 余米后，又被丹拉大山挡住去路，只好再次调头由西向东急转，在这里形成了一个半圆形大湾，称为怒江第一湾。湾中心有一个村子叫坎桶村，这里江面海拔逾 1710 m，气势磅礴，湾上怒江台地平坦开阔，高出怒江 500 m，构成三面环水的半岛状小平原。小平原四周景物宜人，每到农闲季节或节假日，人们便到这里泛舟过溜，对歌起舞，坎桶村堪称峡谷桃源，处处是田园风光。

(4)思考题及作业

从气候的角度分析高黎贡山被称为"世界物种基因库"的原因。

4.4 香格里拉地区

4.4.1 地理位置

香格里拉市是迪庆藏族自治州下辖县级市之一，市境位于云南省西北部，是滇、川及西藏三省(区)交汇处，也是"三江并流"风景区腹地(图 4.55)。截至 2014 年，香格里拉市总面积 11613 km^2，辖 4 个镇、7 个乡，共有 6 个社区、58 个行政村。

2011 年，香格里拉市年末总人口为 174585 人，除主体民族藏族外还有汉族、纳西族、彝族、白族等十几个民族，人口密度为 10 人/km^2，是云南省面积最大、人口密度最低的市份之一。

4.4.2 气候概况

香格里拉市地处高海拔低纬度地带，气候随海拔升高而变化，依次出现六个气候带。属典型的"立体农业气候"，其气候特点如下。

4.4.2.1 季风气候

受西南季风和南支西风急流的交替控制，干湿季节分明，6—10 月阴雨天气多，雨量占全年降水量 10%～80%，形成湿季。11 月—翌年 5 月晴天多，光照足，蒸发量大，雨量占全年降水量 10%～20%，形成旱季。

4.4.2.2 立体气候

县境内雪山耸立，河谷深邃，气候随海拔升高而发生变化，从海拔 1503 m 的金沙江河谷到海拔 5309 m 的哈巴雪山顶，依次有河谷北亚带、山地暖温带、山地温带、山地寒温带、高山亚寒带和高山寒带六个气候带。县气候幅宽、带窄形成"一山分四季"的典型立体气候。

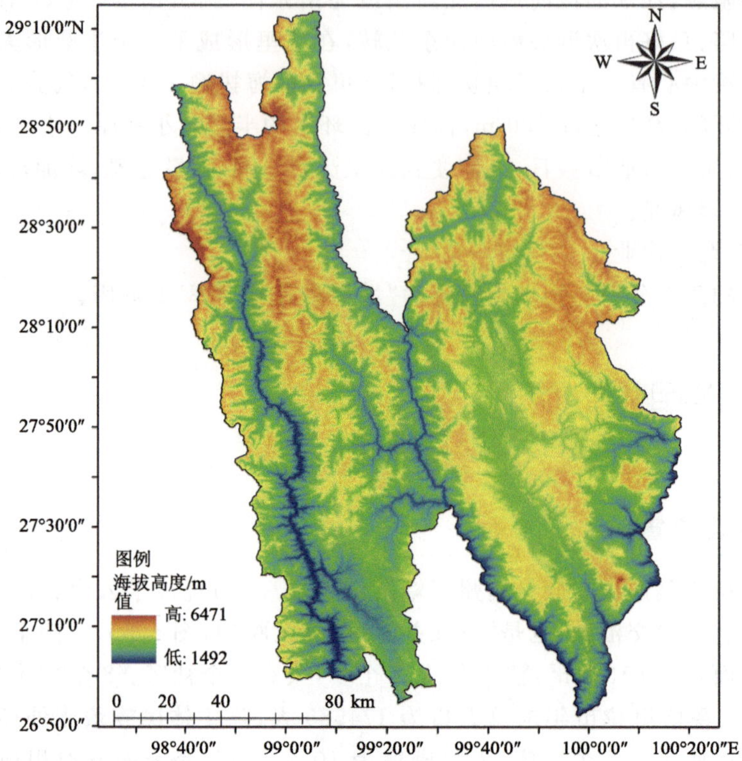

图 4.55　迪庆藏族自治州地形图

4.4.2.3　高原气候

县境内以大小中甸坝子为主的香格里拉高原，平均海拔 3450 m，一年四季太阳辐射能充裕，气温年较差小，全年无夏，平均气温 5.5 ℃。但大气透明度高，太阳辐射强，白天增温剧烈，夜间降温快，气温日较差大，干季气温日较差可达 30 ℃，可谓“一年无四季，一天有四季”。

4.4.2.4　地形小气候

香格里拉地势南低北高，南部迎南来暖湿气流，降水相对于丰富，气候湿润，北部则相对干燥。香格里拉地形结构复杂，各种气候类型相嵌交错，同一气候垂直带内又有森林气候，草原气候，湖盆气候等单个小地形气候，形成“隔里不同天”的气候特征。

根据香格里拉市气象站 1961—2018 年观测资料统计，香格里拉市年均气温为 6.06 ℃，年平均气温最高为 7.54 ℃（2009 年），年平均气温最低为 4.91 ℃（1965 年）；一年中，气温 7 月最高（13.66 ℃）、1 月最低（−2.81 ℃）（图 4.56）。

年平均降水量为 629.78 mm，年平均降水量最多为 854.10 mm(2002 年)，年平均降水量最少为 421.6 mm(2015 年)；一年中，降水量 7 月最多(155.32 mm)、12 月最少(4.43 mm)(图 4.56)。

年平均蒸发量为 1599.39 mm，年蒸发量最大为 1919.00 mm(1969 年)，年平均蒸发量最小为 1385.10 mm(1985 年)；一年中，蒸发量 5 月最大(203.31 mm)、12 月最小(95.02 mm)(图 4.56)。

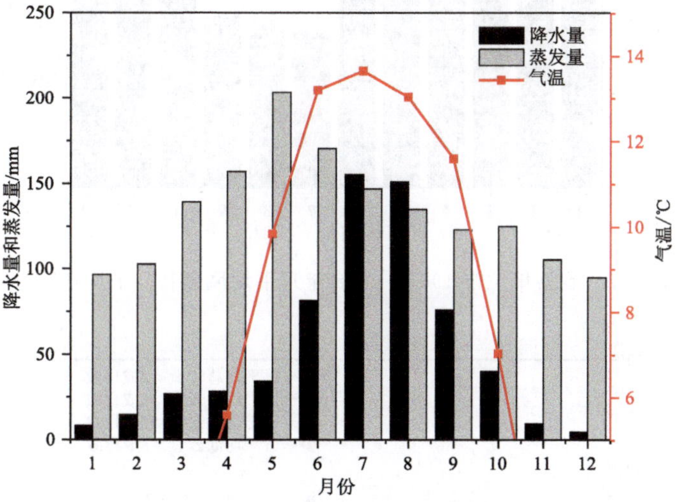

图 4.56　香格里拉市 1961—2018 年月平均气温、月总降水量和 1961—2001 年月总蒸发量

年平均风速为 2.21 m/s，年平均风速最大为 2.85 m/s(1972 年)，年平均风速最小为 1.58 m/s(2002 年)；一年中，风速 3 月最大(2.77 m/s)、8 月最小(1.70 m/s)(图 4.57)。

年平均日照时数为 2175.48 h，年平均日照时数最大为 2418.80 h(1969 年)，年平均日照时数最小为 1844.90 h(2000 年)；一年中，日照时数 12 月最大(252.00 h)、7 月最小(110.12 h)(图 4.57)。

日平均总云量<2 成的年平均日数为 5.61 d，年平均最大为 7.83 d(1999 年)，年平均最小为 2.58 d(2017 年)；一年中，日平均总云量<2 成的日数 12 月最大(17.91 d)、7 月最小(0.02 d)。日平均总云量>8 成的年平均日数为 13.04 d，年平均最大为 25.75 d(2017 年)，年平均最小为 9.92 d(1994 年)；一年中，日平均总云量>8 成的日数 7 月最大(27.07 d)、12 月最小(2.24 d)(图 4.58)。

日平均低云量<2 成的年平均日数为 6.73 d，年平均最大为 8.50 d(1968 年)，年平均最小为 3.33 d(2017 年)；一年中，日平均低云量<2 成的日数 12 月最大(20.22 d)、7

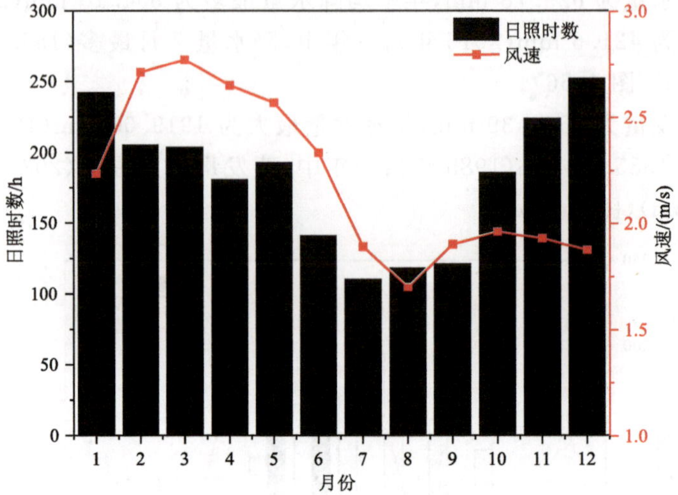

图 4.57　香格里拉市 1961—2018 年月平均风速和月平均日照时数

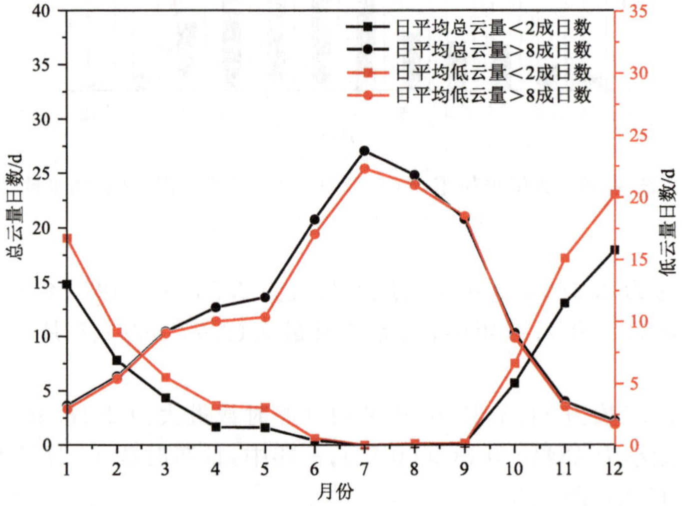

图 4.58　香格里拉市 1961—2018 年日平均总云量<2 成，日平均总云量>8 成，日平均低云量<2 成，日平均低云量>8 成的日数

月最小(0.05 d)。日平均低云量>8 成的年平均日数为 10.86 d，年平均最大为 24.92 d(2017 年)，年平均最小为 7.42 d(1994 年)；一年中，日平均低云量>8 成的日数 7 月最大(22.33 d)、12 月最小(1.74 d)(图 4.58)。

4.4.3　主要实习点和实习内容概况

4.4.3.1　实习路线(大气本底站)

从 No.29(怒江第一湾)出发,沿着西景线到达香格里拉市,在香格里拉市住一晚,第二天进行实习点 10(大气本底站)的实习(图 4.59)。

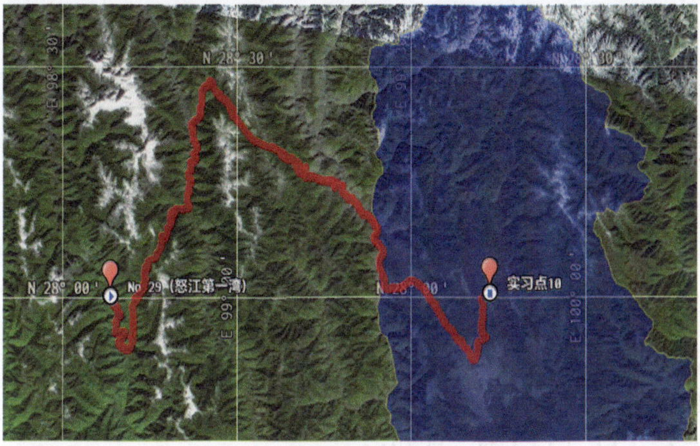

图 4.59　香格里拉地区实习路线

(1)教学目的

①认知大气本底站各观测要素及其观测设备、观测原理和观测数据;

②了解香格里拉大气本底的本底值范围。

(2)主要实习内容

大气本底站是大气本底监测站的简称,由世界气象组织在全球布设,分为全球大气本底站和区域大气本底站。大气本底站观测温室气体和大气臭氧等反应性气体、气溶胶、太阳辐射等数十个要素。其观测结果体现着:较大尺度大气不直接受人为污染影响且混合均匀之后的平均状况。

我国建立了“1(青海瓦里关全球大气本底站)+6(北京上甸子、黑龙江龙凤山、浙江临安、湖北金沙、云南香格里拉和新疆阿克达拉区域大气本底站)”共 7 个国家大气本底站,形成国家级大气本底观测网络。“十四五”期间,将新建 8 个国家大气本底站。

香格里拉大气本底站(28.01°N,99.44°E,海拔 3580 m)位于云南省迪庆藏族自治州香格里拉县城正北 30 km 处,在滇、藏、川三省(区)交界处,建成于 2009 年,该站周围 5 km 范围内无村庄和工厂等明显污染物排放,是世界气象组织全球大气观测网(WMO/GAW)的成员站。香格里拉大气本底站有基本气象要素(温度、湿度、露点温度、风速、风向、气压、降雨量、地温(包括地表温度、浅层地温))、温室气体(CO_2,CH_4)和反应性气体(NO_x,CO,SO_2,O_3)等观测(图 4.60)。

图 4.60 香格里拉大气本底站

(3)观测设备(翟建雄 等,2018)

①光腔衰荡光谱仪(Picarro G-2401)

(a)观测要素:CO_2,CO,CH_4,H_2O;

(b)工作原理:Picarro G-2401 原理为向一个由极高反射率镜面构成的闭合反射腔体内照射激光脉冲,在样气的吸收消光作用下,腔体内的激光脉冲光束强度呈指数衰减,根据腔体内的激光脉冲强度衰减时间常数与样品气浓度的对应关系,快速测定气体样品中目标组分的浓度(翟建雄 等,2018)。

②双通道气相色谱(GC-FID/ECD)在线观测系统 Agilent7890A

(a)观测要素:CH_4,CO,SF_6,N_2O;

(b)工作原理:主要分为混合气体的分离和相应气体的检测两部分。FID 路用来检测 CH_4、CO 信号响应,首先样气被带入 5A 分子筛预柱和 Unibeads 主分离柱进行分离,CH_4分离后可以通过 FID 检测器直接测定,当 CH_4气体出峰完毕,使 CO 经过转化炉,被镍催化剂转化成 CH_4,再进行测定;ECD 用来检测 SF_6、N_2O 信号响应,样气在定量管内被 P5 载气(含 5%CH_4的 Ar 气)带入 Haye SepQ 预分析柱与主分析柱进行分离,最后进入检测器进行检测(中国气象局综合观测司,2014)。

(4)采样系统(翟建雄 等,2018)

①近地面采样(TFS-flask)系统

(a)观测要素:CH_4、CO、SF_6、N_2O、CO_2、H_2及 CO_2中 C-13 和 O-18 的同位素;

(b)工作原理:系统利用抽气泵将经过冷阱干燥的大气抽入采样瓶中冲洗并压至 10 psi 压力。

②梯度塔卤代温室气体采样(TCS-Canister)系统

(a)观测要素：HFCs(氢氟碳化物)、PFCs(全氟化碳)等；

(b)工作原理：系统利用抽气泵将经过冷阱干燥的大气，经过过滤膜过滤颗粒物后灌入采样瓶中冲洗并压至 20 psi 压力。

(5)思考题及作业

①查阅文献了解全国 7 个大气本底站地理位置及其代表区特征。

②查阅文献了解全国大气本底观测要素的变化特征。

4.5　丽江地区

4.5.1　地理位置

丽江市地处青藏高原东南缘，滇西北横断山脉纵谷地带的东部。地势起伏，地形地貌复杂，最高点玉龙雪山主峰，海拔 5596 m，最低点华坪县民主乡塘坝河口，海拔 1015 m，最大高差 4581 m(图 4.61)。

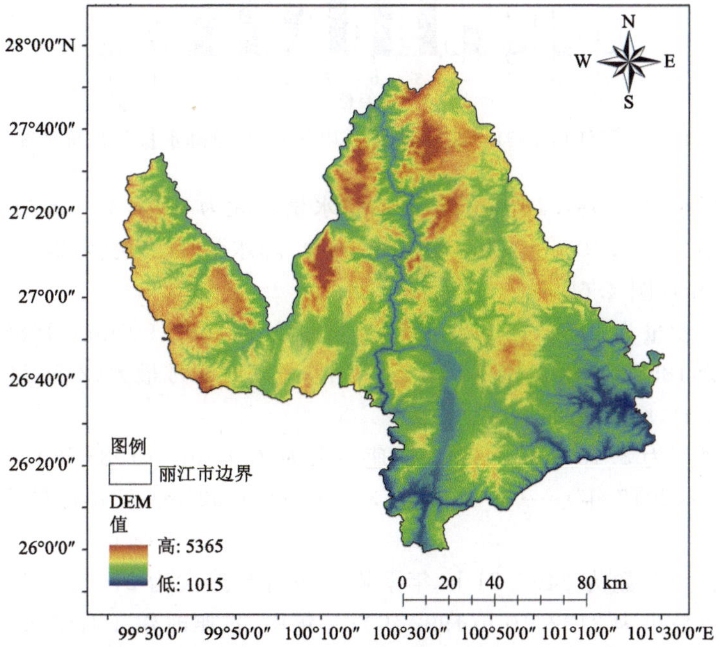

图 4.61　丽江地形图

4.5.2 气候概况

丽江属低纬高原山地季风气候类型，其气候特点是，干湿季分明，立体气候特点突出，冬季空气干暖，降水少，日照充足，昼夜温差大；夏季降雨多，日照相应减少，昼夜温差小。根据丽江市气象站 1961—2018 年观测资料统计，丽江市年均气温为 12.92 ℃，年平均气温最高为 14.18 ℃(2015 年)，年平均气温最低为 11.91 ℃(1992 年)；一年中，气温 6 月最高(18.45 ℃)、1 月最低(6.25 ℃)(图 4.62)。

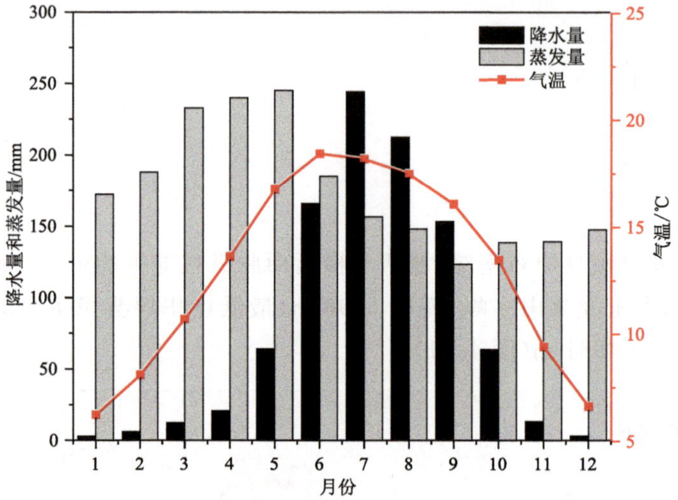

图 4.62　丽江市 1961—2018 年月平均气温、月总降水量和月总蒸发量

年平均降水量为 961.16 mm，年平均降水量最大为 1283.40 mm(1999 年)，年平均降水量最小为 648.10 mm(1983 年)；一年中，降水量 7 月最多(244.16 mm)、1 月最少(3.01 mm)(图 4.62)。

年平均蒸发量为 2152.40 mm，年蒸发量最大为 2582.90 mm(1986 年)，年平均蒸发量最小为 1856.70 mm(2000 年)；一年中，蒸发量 5 月最大(245.24 mm)、9 月最小(123.39 mm)(图 4.62)。

年平均风速为 3.15 m/s，年平均风速最大为 3.97 m/s(1983 年)，年平均风速最小为 2.37 m/s(2017 年)；一年中，风速 3 月最大(4.53 m/s)、8 月最小(1.90 m/s)(图 4.63)。

年平均日照时数为 2467.21 h，年平均日照时数最大为 2762.20 h(1969 年)，年平均日照时数最小为 2132.10 h(1992 年)；一年中，日照时数 1 月最大(260.84 h)、7 月最小(132.96 h)(图 4.63)。

日平均总云量<2 成的年平均日数为 7.05 d，年平均最大为 9.50 d(2009 年)，年平

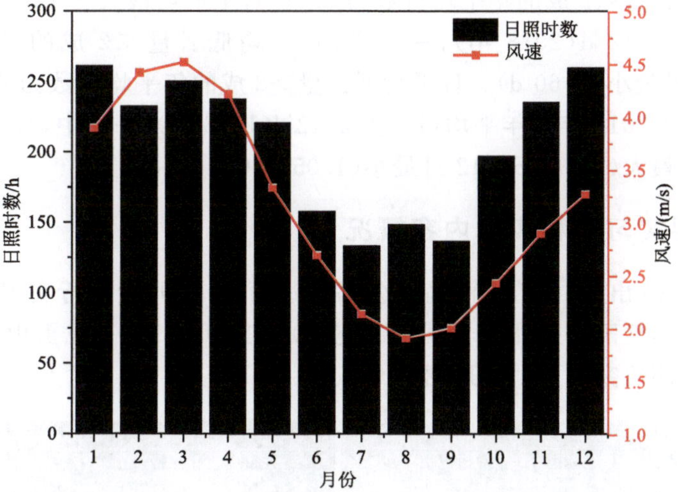

图 4.63　丽江市 1961—2018 年月平均风速和月平均日照时数

均最小为 2.42 d(2017 年)；一年中，日平均总云量＜2 成的日数 12 月最大(19.35 d)、7 月最小(0.12 d)。日平均总云量＞8 成的年平均日数为 11.26 d，年平均最大为 25.50 d(2017 年)，年平均最小为 8.50 d(1969 年)；一年中，日平均总云量＞8 成的日数 7 月最大(25.67 d)、12 月最小(1.72 d)(图 4.64)。

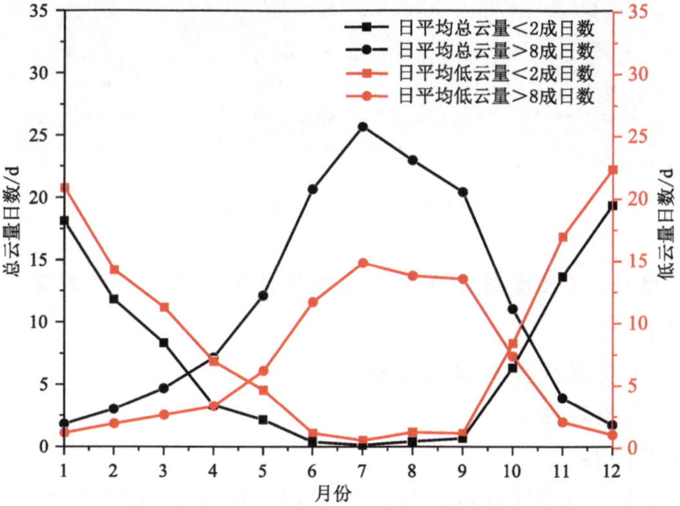

图 4.64　丽江市 1961—2018 年日平均总云量＜2 成，日平均总云量＞8 成，日平均低云量＜2 成，日平均低云量＞8 成的日数

日平均低云量<2 成的年平均日数为 9.16 d，年平均最大为 12.00 d(1987 年)，年平均最小为 2.42 d(2018 年)；一年中，日平均低云量<2 成的日数 12 月最大(22.35 d)、7 月最小(0.60 d)。日平均低云量>8 成的年平均日数为 6.65 d，年平均最大为 25.17 d(2018 年)，年平均最小为 2.42 d(1988 年)；一年中，日平均低云量>8 成的日数 7 月最大(14.84 d)、12 月最小(1.05 d)(图 4.64)。

4.5.3 主要实习点和实习内容概况

从实习点 10 出发，沿着香丽高速公路到达丽江市，开始进行实习点 11(云南丽江森林生物多样性国家野外科学观测研究站)和实习点 12(玉龙雪山冰冻圈与可持续发展野外观测研究站)的实习(图 4.65)。

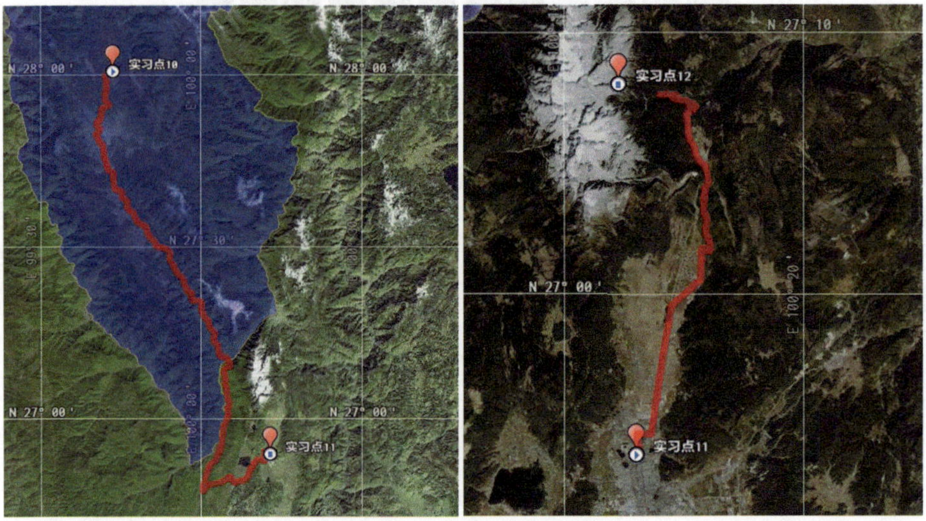

图 4.65　丽江地区实习路线

4.5.3.1　实习路线一(云南丽江森林生物多样性国家野外科学观测研究站)

(1)教学目的

①了解温带生态系统森林观测样地。

②认知森林气象观测。

(2)主要实习内容

云南丽江森林生物多样性国家野外科学观测研究站(以下简称“丽江站”)，依托单位为中国科学院昆明植物研究所。丽江站距丽江市城区 17 km，坐落于距离赤道最近的温带海洋性冰川玉龙雪山南麓(26°59′38.2″—27°00′59.4″N，100°10′18.8″—100°11′59.6″E；站区海拔 2600～3900 m)，位于横断山区东南部、滇西北金沙江、澜沧江和怒江三江并流的核心区域，地处青藏高原至云贵高原的过渡地带(图 4.66)。丽江站所在的滇西北地区位于全球 36 个生物多样性热点地区之一的“中国西南山地(相当于‘横断山区’)”核心区域，也是全球三个山地生物多样性中心之一，以及地球第三极“青藏高原”的重要组成部分，位于南亚季风和东亚季风影响的交错地带。该地区具有复杂多样的地形地貌和生境类型，为我国垂直生态系列最完整、植物多样性最丰富、特有性最高的地区之一，是中国原生生态系统保留最完好和全球温带生态系统最具代表性的地区之一，区位优势明显。该地区是云南高原亚热带北部常绿阔叶林地带与青藏高原东南缘山地寒温性针叶林地带的过渡区，是区域生态学和森林生态系统生态学等研究的关键区域，已被多个国际组织列为全球生物多样性优先重点保护地区，具有极其重要的区域代表性(刘维暐 等，2023)。

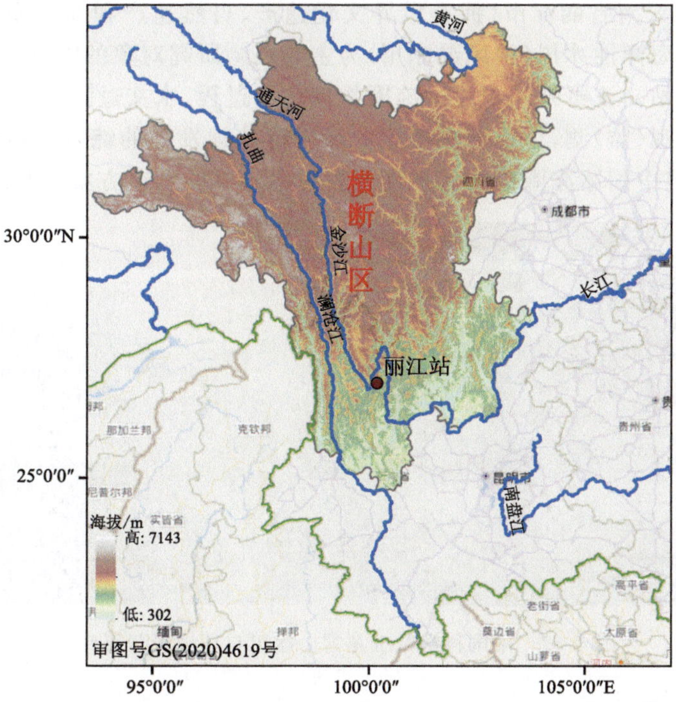

图 4.66　丽江站的地理位置(深色区域为“中国西南山地”区域)

(3)主要观测点及观测项目

No. 30：气象观测场。建设于 2010 年底，主要观测包括空气温湿度、气压、风向风速、降雨量、水面蒸发、总辐射、地面反射、净辐射、紫外辐射、光和有效辐射、有效日照长度、土壤热通量、分层土壤温度等数据。根据实验布设需要，可增设大气涡动、空气质量监测等设备。

(4)思考题及作业

横断山区的垂直气候特点及其对森林分布的影响。

4.5.3.2　实习路线二(玉龙雪山冰冻圈与可持续发展野外观测研究站)

从丽江站(实习点 11)出发,沿着盘山公路到达玉龙雪山冰冻圈与可持续发展野外观测研究站(实习点 12)(图 4.65)。

(1)教学目的

①了解玉龙雪山变化及其对气候的影响。

②认知冰川气象观测。

(2)主要实习内容

玉龙雪山冰冻圈与可持续发展野外观测研究站位于青藏高原东南缘玉龙雪山以南 20 km 处的云南省丽江市(拥有世界文化遗产、自然遗产和非物质文化遗产),是我国第一个以海洋性冰川(季风温冰川)为主要观测研究对象的野外站和第二个冰川定位观测研究站。该野外站通过冰冻圈物理化学过程、水文过程、冰冻圈服务与可持续发展的定位观(监)测,为冰冻圈变化对区域可持续发展的综合影响程度进行系统评估,科学提出中国冰冻圈资源保护性开发技术与试验示范方案(图 4.67)。

图 4.67　中国科学院玉龙雪山冰川与环境观测研究站

(3)思考题及作业

造成冰川退缩的原因除了全球变暖,还有什么?

第 5 章　实习方法

5.1　地面气象观测

5.1.1　云

云:是悬浮在大气中的小水滴、过冷水滴、冰晶或它们的混合物组成的可见聚合体;有时也包含一些较大的雨滴、冰粒和雪晶。其底部不接触地面,并有一定的厚度。云观测包括总云量和云高。

云量:指云遮蔽天空视野的成数,以成为单位,取整数,以百分比为单位时保留一位小数。

云高:指云底距测量点的垂直距离,也称云底高。

总云量以成为单位,取整数;云高以米(m)为单位,取整数。

自动观测云量、云高的仪器主要有激光云高仪、全天空成像仪和毫米波云雷达等。

5.1.2　能见度

能见度:用气象光学视程表示。气象光学视程是指白炽灯发出色温为 2700 K 的平行光束的光通量在大气中削弱至初始值的 5%所通过的路径长度。

能见度观测仪测定的是一定基线范围内的能见度。自动观测能见度的仪器主要有前向散射能见度仪、透射式能见度仪等。自动能见度是指基于仪器观测自动获得的能见度值,是利用标准算法将传感器测量值转换得到的能见度值,该值能够代表观测点的能见度。能见度观测包括 1 min 平均能见度、10 min 平均能见度、小时最小能见度及出现时间、日最小能见度及出现时间。能见度以米(m)为单位,取整数。

1 min 平均能见度值也称为瞬时值,每分钟输出一个数据,是 1 min 采样数据的算术平均值。10 min 平均能见度值是在 1 min 平均能见度值基础上的 10 min 滑动平均,每分钟滑动更新一次。小时最小能见度是指小时内 10 min 平均能见度的最小值。10 min 滑动能见度是指当前分钟前 10 min 内的 10 min 平均能见度的滑动平均值，又叫 10 min 滑动能见度。

5.1.3 降水天气现象

降水现象：是从天空下降固态、液态、混合态降水的天气现象。自动观测降水现象的仪器主要有降水现象仪、二维激光雨滴谱仪等，可观测毛毛雨、雨、雪、雨夹雪和冰雹 5 种降水现象，以及对应的雨滴图谱数据。

毛毛雨——稠密、细小而十分均匀的液态降水，下降情况不易分辨，看上去似乎随空气微弱的运动飘浮在空中，徐徐落下。迎面有潮湿感，落在水面无波纹，落在干地上只是均匀地润湿，地面无湿斑。

雨——滴状的液态降水，下降时清楚可见，强度变化有时缓慢、有时急剧，有时伴有雷暴，落在水面上会激起波纹和水花，落在干地上可留下湿斑。

雪——固态降水，大多是白色不透明的六出分枝的星状、六角形片状结晶，常缓缓飘落，强度变化较缓慢。温度较高时多成团降落（雪暴、霰、米雪、冰粒出现时记为雪）。

雨夹雪——半融化的雪（湿雪），或雨和雪同时下降，强度变化有时缓慢、有时急剧。

冰雹——坚硬的球状、锥状或形状不规则的固态降水，雹核一般不透明，外面包有透明的冰层，或由透明的冰层与不透明的冰层相间组成。大小差异大，大的直径可达数 10 mm。常伴随雷暴出现。

降水现象每天 24 h 自动连续记录；每天记录以 20 时 01 分开始，次日 20 时 00 分结束；按出现先后顺序记录现象符号及出现时间；现象间相互转记时，出现时间不重复记录。同一降水现象一天内出现两次或以上时，其第二次及之后出现的起止时间，接着第一次起止时间分段记录，不再重复记录该现象符号。降水现象起止时间，凡两段出现的时间间歇在 15 min 或以内时，应作为一次记载；若间歇时间超过 15 min，则另记起止时间。当降水现象出现时间不足 1 min 即已终止时，只记录开始时间，不记录终止时间。

5.1.4 雷电

雷电：是发生在大气中伴随着声、光、电的一种自然放电现象，也称为闪电。完整的放电现象持续时间通常在 1 s 以内，可见部分（云外）一般有分叉现象，呈现明显发光闪烁性，远处可听到雷声。

雷电现象多出现在强对流天气系统，是指发生在空气中一种瞬态、大电流、高电压、长距离的放电，主要分为云闪和地闪。

云闪：发生在同一块云体或在不同云体之间的放电过程。

地闪：也称为云地闪，指发生于云体与地面之间的放电过程。

另外，根据从云到地之间输送的电荷符号，分为负极性、正极性，简称负闪、正闪。

雷电自动观测仪器有闪电定位仪，测定的是放电过程发生时间、位置或声、光、电特征。雷电观测包括放电过程发生时间、位置以及极性、峰值电流等电磁场辐射或光辐射特性值。

5.1.5　气压

气压：是作用在单位面积上的大气压力，即等于单位面积上向上延伸到大气上界的垂直空气柱的重量。气压观测包括分钟本站气压、小时本站气压、小时最高(低)本站气压及出现时间、日最高(低)本站气压及出现时间；计算小时海平面气压。气压以百帕(hPa)为单位，取 1 位小数；气压国际制单位为帕斯卡，简称帕(Pa)。

自动观测气压的仪器主要有硅电容式数字气压传感器、振筒式气压传感器等。气象台站现用的主要是硅电容式数字气压传感器。

为了便于天气分析，需将不同高度的本站气压值订正到同一高度。我国以黄海海面平均高度为海平面基准点。

$$P_0 = P_h \times 10^{\frac{h}{18400\left(1+\frac{t_m}{273}\right)}} \tag{5.1}$$

式中：P_0 为海平面气压，单位为百帕(hPa)；P_h 为本站气压，单位为百帕(hPa)；h 为气压传感器海拔高度，单位为米(m)；t_m 为气柱平均温度，单位为摄氏度(℃)。

计算气柱平均温度 t_m 公式为：

$$t_m = \frac{t+t_{12}}{2} + \frac{\gamma h}{2} = \frac{t+t_{12}}{2} + \frac{h}{400} \tag{5.2}$$

式中：t 为观测时的气温，单位为摄氏度(℃)；t_{12} 为观测前 12 h 的气温，单位为摄氏度(℃)；γ 为气温垂直梯度或称为气温直减率，规定采用 0.5 ℃/100 m；h 为气压传感器海拔高度，单位为米(m)，对于测站来说，h 是一个定值，故 $h/400$ 为一常数。

5.1.6　空气温度和湿度

地面气象观测中测定的是离地面 150 cm 高度处的空气温度和空气湿度。

空气温度(简称气温，下同)是表示空气冷热程度的物理量，表征了大气的热力状况。

空气湿度(简称湿度，下同)是表示空气中的水汽含量和潮湿程度的物理量。

湿度变化常与水汽压、相对湿度、露点温度有关。

水汽压(e)为空气中水汽部分作用在单位面积上的压力。

相对湿度(U)为空气中实际水汽压与当时气温下的饱和水汽压之比。

露点温度(T_d)为空气在水汽含量和气压不变的条件下,降低气温达到饱和时的温度。

气温观测包括分钟气温、小时气温、小时最高(低)气温及出现时间、日最高(低)气温及出现时间。

气温以摄氏度(℃)为单位,取1位小数。

湿度观测包括分钟相对湿度、小时相对湿度、小时最小相对湿度及出现时间、日最小相对湿度及出现时间。

相对湿度以百分数(%)表示,取整数。水汽压以百帕(hPa)为单位,取一位小数。露点温度以摄氏度(℃)为单位,取一位小数。

自动观测空气温度和空气湿度的仪器主要有铂电阻温度传感器、气温多传感器标准控制系统和湿敏电容湿度传感器等。

5.1.7 风向和风速

风:空气运动产生的气流。它是由许多在时空上随机变化的小尺度脉动叠加在大尺度规则气流上的一种三维矢量。地面气象观测中测量的风是二维矢量(水平运动),用风向和风速表示。

风向:是指风的来向。风向以度(°)为单位,取整数。

最多风向:是指在规定时间段内出现频数最多的风向。

风速:是指单位时间内空气移动的水平距离。风速以米/秒(m/s)为单位,取1位小数。

风速的平均量:是指在规定时间段内风速的平均值。

瞬时风速:是指3 s平均风速。

极大风速:是指某个时段内出现的最大瞬时风速值。

最大风速:是指在某个时段内出现的滑动10 min平均风速最大值。

瞬时、极大、最大风向是指瞬时、极大、最大风速所对应的风向。风速≤0.2 m/s(静风)时,风向记C。

风向和风速观测包括3 s、2 min、10 min的平均风速和对应的风向;小时最大风速、风向及出现时间;小时极大风速、风向及出现时间;日最大风速、风向及出现时间;日极大风速、风向及出现时间。

自动观测风向和风速的仪器主要有单翼风向传感器、光电式风杯风速传感器、霍尔效应风杯风速传感器、螺旋桨式风传感器和超声风传感器等。

5.1.8 降水

降水:是指从天空降落到地面上的液态或固态(经融化后)的水,按物理特征的不同分为液态、固态和混合态降水。

降水量：是指某一时段内的未经蒸发、渗透、流失的降水，在水平面上积累的垂直深度。降水量观测包括分钟降水量、小时累计降水量、日累计降水量。降水量以毫米(mm)为单位，取 1 位小数。

降水强度(降水率)：是指单位时间的降水量。降水强度(降水率)以毫米每分钟(mm/min)为单位，取 1 位小数。

自动观测降水的仪器主要有双翻斗雨量传感器、称重式降水传感器、单翻斗雨量传感器和降水多传感器标准控制系统等。

5.1.9　雪深

雪深：是指从积雪表面到地面的垂直深度。

雪深观测包括分钟雪深和小时雪深。雪深以厘米(cm)为单位，取整数。自动观测雪深的仪器主要有超声波式雪深仪、激光式雪深仪等。

5.1.10　蒸发

蒸发量：是水面蒸发量，它是指一定口径的蒸发器，在一定时间间隔内因蒸发而失去的水层深度。

蒸发量观测包括分钟蒸发量、小时累计蒸发量、日累计蒸发量。蒸发量以毫米(mm)为单位，取 1 位小数。自动观测蒸发采用超声波蒸发传感器，通过附加在测量筒上的超声波传感器，测量水面的初始高度和蒸发后的高度，计算出蒸发量。

5.1.11　辐射

太阳照射到地球表面及从地球表面发射的各种辐射通量，是地球和地球表面及大气热量收支最重要的变量。太阳辐射能是地球大气最重要的能量来源，太阳、地球和大气的辐射过程是形成气候的主要因子之一。辐射观测主要用到全自动太阳跟踪器/遮光装置、加热通风器、总辐射表、直接辐射表、长波辐射表、净全辐射表、紫外辐射表、光合有效辐射表。

地面辐射测量通常有以下 3 种分类方式：根据辐射来源分为太阳辐射和地球辐射；根据光谱范围分为短波辐射和长波辐射。根据接收方向分为向上辐射和向下辐射。

太阳辐射：是由太阳发射出来的辐射能量，99.9%集中在 0.2～10 μm 的波段，其中波长短于 0.4 μm 的称为紫外辐射，0.4～0.76 μm 的称为可见光辐射，长于 0.76 μm 的称为红外辐射。

太阳辐射的波长与频率的关系由光速确定：

$$\nu\lambda = c \tag{5.3}$$

式中：ν 为太阳辐射的频率；λ 为太阳辐射的波长；c 为真空中的光速，$c=3\times10^8$ m/s。

太阳辐射的辐照度单位为瓦每平方米（W/m^2），取整数；曝辐量单位为兆焦耳每平方米（MJ/m^2），取两位小数，1 MJ$=10^6$ J$=10^6$ W/s。

紫外辐射：是指波长小于可见光辐射而大于 X 射线的电磁辐射，其波长在 0.1～0.4 μm 之间，可细分为 3 个波段：长波紫外辐射 UV-A 为 0.315～0.400 μm；中波紫外辐射 UV-B 为 0.280～0.315 μm；短波紫外辐射 UV-C 为 0.100～0.280 μm。

UV-A 处在可见光光谱外，对人类无明显影响；UV-B 所占比重虽低，但对人类健康和环境有重要影响，大部分 UV-B 已被大气臭氧吸收，大气中臭氧含量减少会导致地面 UV-B 的增加；UV-C 在大气的上层已被臭氧完全吸收，不会到达地球表面。另外，UV-A 与 UV-B 统称为全紫外辐射，即 UV-AB。

光合有效辐射：是指对植物光合作用有效的、集中在可见光波段的太阳辐射。通常指波长在 0.4～0.7 μm 的太阳辐射。作为光合有效辐射，其计量单位既可采用能量单位瓦每平方米（W/m^2），也可采用量子单位微摩尔/(秒·平方米)[$\mu mol/(s\cdot m^2)$]。

短波辐射：太阳光谱在 0.29～3.0 μm 范围，称为短波辐射，也称日射，约占太阳总能量的 97%，目前主要观测这部分太阳辐射。

长波辐射：是地球表面、大气、气溶胶和云层所发射的辐射，波长范围为 3～100 μm，也称作地球辐射。地球平均温度约为 300 K，地球辐射能量中 99%的波长大于 5 μm。

环日辐射：太阳周围一个非常狭窄的环形天空辐射称为环日辐射。

直接辐射：直接辐射是指太阳以平行光束直接投射到地面上的太阳辐射。

在辐射观测中，是指来自太阳面的直接辐射和环日辐射，可以用直接辐射表来测量。常用 S 表示。

水平面直接辐射：水平面直接辐射是指水平面上接收到的直接辐射。常用 S_L 表示。S_L 与 S 的关系为：

$$S_L = S\cdot\sin H_A = S\cdot\cos Z \tag{5.4}$$

式中：H_A 为太阳高度角；Z 为天顶距，$Z=90°-H_A$。

散射辐射：是指太阳辐射经过大气散射或云的反射，从天空 2π 立体角以短波形式向下到达地面的那部分辐射。可用总辐射表遮住太阳直接辐射的方法测量。常用 $E_d\downarrow$ 表示。

总辐射：总辐射是指在水平表面上从 2π 球面度立体角中接收到的太阳直接辐射和太阳散射辐射之和。可用总辐射表测量。常用 $E_g\downarrow$ 表示：

$$E_g\downarrow = S_L + E_d\downarrow \tag{5.5}$$

白天太阳被云遮蔽时，$E_g\downarrow = E_d\downarrow$，夜间 $E_g\downarrow = 0$。

反射辐射：总辐射到达地面后被下垫面(作用层)向上反射的那部分短波辐射，可用总辐射表感应面朝下测量，常用 $E_r\uparrow$ 表示。

反射比：用来反映下垫面的反射能力，常用 E_k 表示：

$$E_k = \frac{E_r\uparrow}{E_g\downarrow} \tag{5.6}$$

反射比通常又称作反照率、反射因素。

太阳常数：在日地平均距离处，地球大气外界垂直于太阳光束方向上接收到的太阳辐照度，称为太阳常数，用 S_0 表示。1981 年世界气象组织(WMO)推荐了太阳常数的最佳值是 $S_0 = 1367 \pm 7\ \mathrm{W/m^2}$。

大气长波辐射：大气以长波形式向下发射的那部分辐射，或称大气逆辐射。常用 $E_L\downarrow$ 表示。

地面长波辐射：地球表面以长波形式向上发射的辐射(包括地面长波反射辐射)，也称地球辐射。它与地面温度有密切联系，常用 $E_L\uparrow$ 表示。

全辐射：短波辐射与长波辐射之和称为全辐射。波长范围为 0.29～100 μm。

净全辐射：净全辐射是指太阳与大气向下发射的全辐射和地面向上发射的全辐射之差值，也称为净辐射或辐射差额。其表示式为：

净全波辐射

$$E^* = E_g^\downarrow + E_L^\downarrow - E_r^\downarrow - E_L^\downarrow \tag{5.7}$$

净短波辐射

$$E_g^* = E_g^\downarrow - E_r^\downarrow \tag{5.8}$$

净长波辐射

$$E_l^* = E_L^\downarrow - E_L^\downarrow \tag{5.9}$$

以上各种辐射相互之间的关系，如图 5.1 所示。

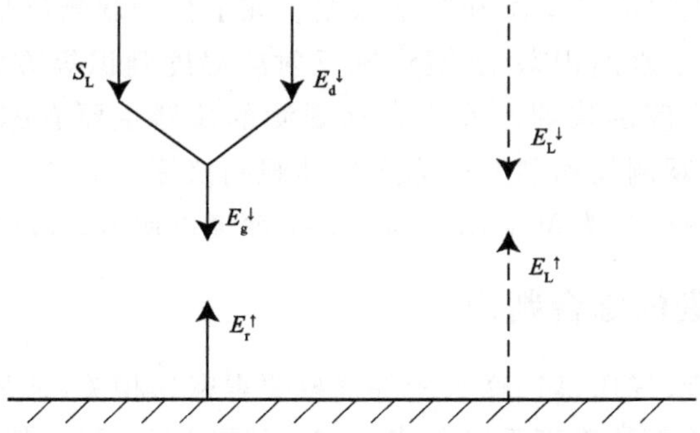

图 5.1　各种辐射量关系示意图

5.1.12 日照

日照时数：太阳在一地实际照射的时数。在一给定时段内太阳直接辐照度大于或等于 120 W/m^2的各分段时间总和。日照时数也称实照时数。

可照时数：在无任何遮蔽条件下，太阳中心从某地东方地平线到进入西方地平线，其光线照射到地面所经历的时间。可照时数由公式计算。

日照百分率：某一地点的日照时数与可照时数的百分比。日照观测包括分钟日照时数、小时累计日照时数和日累计日照时数。小时累计日照时数以分钟(min)为单位，取整数；日累计日照时数以小时(h)为单位，取 1 位小数；日照百分率以百分比(%)为单位，取整数。日照自动观测设备主要通过传感器以一定的采样频率采集太阳辐射信号，由其内部数据处理模块计算出太阳直接辐射，判断输出日照时数。自动观测日照的仪器主要是光电式数字日照计和直接辐射表。

5.1.13 地温

下垫面温度和不同深度的土壤温度统称地温。下垫面温度包括裸露土壤表面的地面温度、草面(雪面)温度。不同深度的土壤温度统称地中温度，主要包括离地面 5、10、15、20 cm 深度的浅层地温及离地面 40、80、160、320 cm 深度的深层地温。自动观测地温的仪器主要是铂电阻地温传感器。

地温观测包括分钟(小时)地面温度、草面(雪面)温度、浅层地温、深层地温以及地面温度、草面(雪面)温度的小时和日最高、最低值及对应的出现时间。地温以摄氏度(℃)为单位，取 1 位小数。

5.1.14 冻土

冻土：是指含有水分的土壤因温度下降到 0℃或以下而呈冻结的状态。

冻土观测包括土壤冻结层次和冻结深度。冻土自动观测仪是根据含有水分土壤的冻融特性，通过测量水的相态、土壤频域反射或温度判识等方法，利用阈值判断测量土壤冻结层次和深度的仪器。冻土自动观测的仪器主要有冻阻式冻土自动观测仪、电容式冻土自动观测仪和测温式冻土自动观测仪等。

冻结层次以层数(层)为单位，取整数；冻结深度以厘米(cm)为单位，取整数。

5.1.15 气象要素的综合判识

天气现象与温度、气压、风、降水量等气象要素密切相关，云量和云底高度也可通过卫星遥感和气象要素计算等手段获取，地基云地闪探测网已基本覆盖全国，风云四号卫星中闪电成像仪也投入业务运行，具备雷暴现象综合判识能力。通过应用卫星、探空、自动气象站、闪电探测、闪电成像等多源数据，结合模式再分析产品，可实现云量、云高、地面凝结现象（露、霜、雨凇、雾凇）、视程障碍现象（雾、轻雾、霾、浮尘、扬沙、沙尘暴）以及雷暴、积雪、结冰、雪深和雪压、冻土等项目的综合判识。

（1）云量

卫星可通过辐射量计算、云检测等手段获取云量值，但受投影偏差、计算误差、卫星遥感精度等因素影响，卫星直接观测得到的云量值与地面观测云量值之间存在一定偏差，但两者之间有较好的相关性。此外，利用探空资料和模式高空要素预报也可构建基于要素的云量判识模型，结合卫星云量产品，可获得逼近地面观测云量值的总云量判识值。

（2）云高

云底的高度与抬升凝结高度、垂直湿度分布等密切相关。利用地面观测资料计算得到抬升凝结高度，同时使用欧洲中期天气预报中心数值模式预报资料、站点信息资料，可以构建基于站点的云底高度判识模型。在实际应用中，将多源资料代入模型，可得到各站点的云底高度。此外，结合基于卫星云产品，对目标站点区域附近的云量、云状等作定性判别，结合模型得到与实际更为接近的云底高度。

（3）地面凝结现象

露：指水汽在地面及近地面物体上凝结而成的水珠（不包括霜融化成的水珠）。

霜：指水汽在地面和近地面物体上凝华而成的白色松脆的冰晶，或由露冻结而成的冰珠，易在晴朗风小的夜间生成。

露、霜、结冰现象的发生、维持与近地面的气象要素密切相关。利用地面观测资料，选取模型变量，构建基于统计判别方法的判识模型，可实现基于气象要素的露、霜、结冰现象判识。

雨凇：指过冷却液态降水碰到地面物体后直接冻结而成的坚硬冰层，呈透明或毛玻璃状，外表光滑或略有隆突。

雾凇：指空气中水汽直接凝华，或过冷却雾滴直接冻结在物体上的乳白色冰晶物，常呈毛茸茸的针状或表面起伏不平的粒状，多附在细长的物体或物体的迎风面上，有时结构较松脆，受震易塌落。

雨凇、雾凇的形成机制有很多相似之处，特别是在高山站，雨凇、雾凇一般相伴出现混合凇。对于全国大多数站点而言，雾凇、雨凇出现频次较低，属于小概率事件。为保证足够的建模样本，使尽可能多的站点建模成功，将雨凇、雾凇作为同一个样本集进行建模，再根据各站的历史气候特征及气象条件对雨凇、雾凇天气进行分类判识。

（4）视程障碍现象

雾：指大量微小水滴浮游空中，常呈乳白色，使水平能见度小于 1.0 km。

轻雾:指微小水滴或已湿的吸湿性质粒所构成的灰白色的稀薄雾幕,使水平能见度大于或等于 1.0 km 至小于 10.0 km。

霾:指大量极细微的干尘粒等均匀地浮游在空中,使水平能见度小于 10.0 km 的空气普遍混浊现象。

沙尘暴:指由于强风将地面大量尘沙吹起,使空气相当混浊,水平能见度小于 1.0 km。按水平能见度大小沙尘暴又分为沙尘暴、强沙尘暴和特强沙尘暴。

扬沙:指由于风大将地面尘沙吹起,使空气相当混浊,水平能见度大于或等于 1.0 km至小于 10.0 km。

浮尘:指尘土、细沙均匀地浮游在空中,使水平能见度小于 10.0 km,多为远处尘沙经上层气流传播而来,或为沙尘暴、扬沙出现后尚未下沉的细粒浮游空中而成。

首先,统计分析雾、轻雾、霾、扬沙、浮尘、沙尘暴 6 类视程障碍天气现象发生概率与气温、相对湿度、风速等常规气象要素的关系,确定各类天气现象发生概率≥98%的气象要素上下限阈值。第二,利用各类天气现象发生概率随气象要素的变化曲线,确定不同天气现象之间的气象要素分类界限值。第三,利用气象要素上下限阈值和分类界限值,确定不同天气现象的分类指标。对分类指标动态调整,取分类判识命中率评分最高的指标作为最优分类指标,用于雾、轻雾、霾、扬沙、浮尘、沙尘暴的判识。

(5)雷暴

雷暴是发生于大气中的放电现象。自动观测设备通过对放电过程中声、光、电特性的测量,确定放电发生的时间、空间位置和特性参数等。

从雷电的形成机理、物理特性出发,利用人工和自动观测历史数据对站点进行统计分析,确定两者的相互关系,建立台站判识阈值参数,再通过各类地基和天基数据等多源数据的空间聚类归闪分析、数据融合,得到台站级雷电现象的判识结果。

(6)积雪、雪深和雪压

积雪:是指雪(包括霰、米雪、冰粒)覆盖地面达到气象站四周能见面积一半以上。

雪深:是从积雪表面到地面的垂直深度。

雪压:是单位面积上的积雪的重量。只有在有积雪的情况下才有雪深和雪压。

积雪具有特殊的属性,即对于短波是白体,对于长波是黑体,导热传热功能很差,无论是白天还是夜间,积雪以上和积雪以下的温度变化规律有很明显的差异,即积雪以上夜间辐射降温剧烈,温度很低,白天太阳直射和雪面反射,造成雪面以上的温度观测数据升温明显,而积雪以下,无论白天还是夜间都稳定少变。积雪以上用草(雪)面温度表示,积雪以下用地面温度表示。积雪上下温度变化规律的差异性可以判别积雪是否存在。

利用地面观测资料,对刚刚降雪、持续降雪和即将融化时积雪三个阶段采用不同的判别指标构建判识模型。

(7)结冰

结冰:是指露天水面凝结成冰。结冰现象的发生、维持与近地面的气象要素密切相关。利用地面观测资料,选取模型变量,构建基于统计判别方法的判识模型,可实现基于气象要素的结冰现象判识。

(8)冻土

冻土:是指含有水分的土壤因温度下降到 0 ℃或以下而呈冻结的状态。冻土的形成和维持与地温密切相关。采用直接反距离与双平方根反距离权重方法结合,利用 0～320 cm 地温建立水柱温度与冻土的关系,用于第一冻土层上界、第一冻土层下界、第二冻土层上界、第二冻土层下界的判识。

各判识项目所用资料、判识频次以及在 CIMISS 中的资料名称、要素字段等信息详见表 5.1。

表 5.1　多源观测数据综合判识项目所用资料、判识频次等信息说明

项目名称	所用资料	判识频次	气象数据统一服务接口(CIMISS)参数		
			资料名称	要素字段	备注
云量	卫星云量产品;探空资料;数值模式预报的高空各层高度场、温度场和相对湿度场	逐小时	SURF_WEA_CHN_PHE_HOR	CLO_Cov	单位:%
云高	地面温度、露点温度、气压;数值模式预报的高空各层高度场、温度场和相对湿度场;卫星云量、云状产品	逐小时	SURF_WEA_CHN_PHE_HOR	CLO_Height_LoM	单位:m
露	地面气温、露点温度、相对湿度、地表温度、水汽压和风速等	逐小时	SURF_WEA_CHN_PHE_HOR	Dew	"999999"表示缺测,"0"表示未出现露,"1"表示出现露
霜	地面气温、露点温度、相对湿度、地表温度、水汽压和风速等	逐小时	SURF_WEA_CHN_PHE_HOR	Frost	"999999"表示缺测,"0"表示未出现霜,"1"表示出现霜
雨凇	地面气温、相对湿度、风向风速;探空资料;数值模式预报的 100 hPa 以下各层位势高度、温度、相对湿度风向风速	逐小时	SURF_WEA_CHN_PHE_HOR	Glaze	"999999"表示缺测,"0"表示未出现雨凇,"1"表示出现雨凇
雾凇	地面气温、相对湿度、风向风速;探空资料;数值模式预报的 100 hPa 以下各层位势高度、温度、相对湿度、风向风速	逐小时	SURF_WEA_CHN_PHE_HOR	SoRi	"999999"表示缺测,"0"表示未出现雾凇,"1"表示出现雾凇

续表

项目名称	所用资料	判识频次	气象数据统一服务接口(CIMISS)参数		
			资料名称	要素字段	备注
雾	地面能见度、风速、相对湿度、露点温度差、气温、气压	逐小时	SURF_WEA_CHN_PHE_HOR	Fog	“999999”表示缺测，“0”为无、“5”为霾、“6”为浮尘、“7”为扬沙、“10”为轻雾、“31”为沙尘暴、“42”为雾
轻雾					
霾					
扬沙					
浮尘					
沙尘暴					
雷暴	云闪资料、云地闪资料、闪电成像仪资料	每天	SURF_CHN_WSET_FTM	Thund	“999999”表示缺测，“0”表示未出现雷暴，“1”表示出现雷暴
积雪	草面(雪面)温度、0 cm 地面温度、降水量	逐小时	SURF_WEA_CHN_PHE_HOR	GSS	“999999”表示缺测，“0”表示未出现积雪，“1”表示出现积雪
雪深	面(雪面)温度、0 cm 地面温度、降水量	逐小时	SURF_WEA_CHN_PHE_HOR	Snow_Depth	单位:cm
雪压	面(雪面)温度、0 cm 地面温度、降水量	逐小时	SURF_WEA_CHN_PHE_HOR	Snow_PRS	单位:kg/m^2
结冰	地面气温、露点温度、相对湿度、地表温度、水汽压和风速等	逐小时	SURF_WEA_CHN_PHE_HOR	ICE	“999999”表示缺测，“0”表示未出现结冰，“1”表示出现结冰
第一冻土层上界值	0～320 cm 地温观测数据	逐小时	SURF_WEA_CHN_PHE_HOR	FRS_1st_Top	单位:m
第一冻土层下界值		逐小时	SURF_WEA_CHN_PHE_HOR	FRS_1st_Bot	
第二冻土层上界值		逐小时	SURF_WEA_CHN_PHE_HOR	FRS_2nd_Top	
第二冻土层下界值		逐小时	SURF_WEA_CHN_PHE_HOR	FRS_2nd_Bot	

资料来源:《地面气象观测规范　第1部分:总则:GB/T 35221—2017》(全国气象仪器与观测方法标准化技术委员会,2017a),《常规高空气象观测业务规范》(中国气象局,2010),《地面气象自动观测规范(第一版)》(中国气象局,2019)。

5.2　无线电探空观测

5.2.1　文件名

高空探测数据文本文件称为“高空全月探测数据文件”(简称 G 文件),文件名有两种命名方式:固定站正式探测数据文件名由 17 个字符组成,其结构为:“GIIiii-YYYYMM. TXT”;固定站平行探测或移动探测站探测数据文件名由 19 个字符组成,其结构为:

GIIiii-YYYYMM-X. TXT

其中,“G”为文件类别标识符(保留字);“IIiii”为区站号,无区站号的移动探测站,用与该探测点距离最近的气象站区站号代替;“YYYY”为资料年份;“MM”为资料月份,位数不足,高位补“0”;“-X”为文件属性,固定站平行探测数据文件 X=0,移动站探测数据文件 X=1;“TXT”为文件扩展名。

5.2.2　文件结构

G 文件由台站参数、探测数据、质量控制、附加信息 4 个部分构成。探测数据部分的结束符为“??????”,质量控制部分的结束符为“******”,附加信息部分的结束符为“######”。文件中每条记录为一行,每行结束后在行尾不允许有空格,直接回车换行。

G 文件结构为:

$IIiiiQQQQQQ_D\ LLLLLLL_D\ HH_1\ H_1\ H_1\ H_1\ H_1\ H_1\ HH_2\ H_2\ H_2\ H_2\ H_2\ H_2\ x_1\ nny_1\ y_{nn}CYYYYMM$

5.2.3　台站参数

台站参数是文件的第 1 条记录,由 10 组数据构成,排列顺序为区站号、纬度、经度、探空海拔高度、测风海拔高度、测站类别、探测项目标识、质量控制指示码、年份、月份。各组数据间隔符为 1 位空格。

区站号(IIiii)由 5 位数字组成:前 2 位为区号,后 3 位为站号;无区站号的移动探测站用“99999”代替。

纬度($QQQQQQ_D$)由 6 位数字加 1 位字母组成:前 6 位为纬度,其中 1—2 位为度,3—4 位为分,5—6 位为秒,位数不足,高位补“0”;最后 1 位大写字母“S”“N”分别表示南纬、北纬。

经度(LLLLLLL_D)由 7 位数字加 1 位字母组成：前 7 位为经度，其中 1—3 位为度，4—5 位为分，6—7 位为秒，位数不足，高位补“0”；最后 1 位大写字母“E”“W”分别表示东经、西经。

探空海拔高度($H_1H_1H_1H_1H_1H_1$)为测站水银槽海拔高度，由 6 位数字组成：第 1 位为海拔高度参数，实测为“0”，约测为“1”；后 2—6 位为海拔高度，单位为“0.1 m”，位数不足，高位补“0”。若测站位于海平面以下，第 2 位录入“—”号。

测风海拔高度($H_2H_2H_2H_2H_2H_2$)为定向天线光电轴中心或经纬仪镜筒海拔高度，由 6 位数字组成：第 1 位为海拔高度参数，实测为“0”，约测为“1”；后 2—6 位为海拔高度，单位为“0.1 m”，位数不足，高位补“0”。若测站位于海平面以下，第 2 位录入“—”号。

测站类别(x_1)，由 1 位数字组成，$x_1=1$ 为探空站，$x_1=2$ 为测风站，$x_1=3$ 为移动探测站。

观测项目标识(nny_1y_{nn})，由 nn+2 个字符组成，其中 nn 表示观测数据部分的数据段个数，y_1……y_{nn}为各段数据状况，$y_1=0$ 表示无该数据段，$y_1=1$ 表示有该数据段，$y_1=9$ 表示该段全月数据缺测。

质量控制指示码(C)，C=0 表示文件无质量控制部分，C=1 表示文件有质量控制部分。

年份(YYYY)由 4 位数字组成。

月份(MM)由 2 位数字组成，位数不足，高位补“0”。

5.2.4　探测数据

探测数据由 11 个数据段构成，每个数据段在文件中的排列顺序是固定的。按照数据种类的不同，将高空压、温、湿、高空风、秒级和分钟级一个月的数据分为 11 个数据段，数据段的划分及顺序见表 5.2。

表 5.2　探测系统型号编码表

序号	段指示码	数据名称	序号	段指示码	数据名称
1	AA	规定等压面层压温湿和风向风速	7	GG	最大风层风向风速
2	BB	0 ℃层	8	HH	风特性层
3	CC	对流层顶	9	II	秒级数据
4	DD	压温湿特性层	10	JJ	分钟级数据
5	EE	近地面层风向风速	11	KK	观测行为的基本描述
6	FF	规定高度层风向风速			

5.2.4.1　AA 段

AA 段包括相对时间、地面层和各等压面层气压、高度、温度、露点温度、风向、风速 7 组数据。具体包括地面、1000、925、850、700、600、500、400、300、250、200、150、70、50、40、30、20、15、7、5、3、2、1 hPa 等。

(1)日观测次数(gg),用 2 位整数表示,如该月每日 08、20 时观测两次,则 gg 为 02。

(2)日期(YY),用 2 位整数表示,位数不足,高位补“0”。

(3)观测层数(nnn),用 3 位整数表示,位数不足,高位补“0”。

(4)相对时间(SSSSS),单位为“s”,是各层资料的实际探测时间与规定的探测时间(如 07 时、19 时)之差,由 5 个字符组成,第 1 位为符号位,正为“0”,负为“－”,含义如下:“0”表示气球实际施放时间或各层资料的实际观测时间等于或晚于规定的观测时间;“－”表示气球实际施放时间或各层资料的实际观测时间早于规定的观测时间。

(5)气压(PPPPPPPP),单位为“hPa”,由 8 个字符组成:前 4 位为整数位,位数不足,高位补“0”;第 5 位为小数点;后 3 位为小数位,位数不足,低位补“0”。

(6)高度(hhhhh),用 5 位整数表示,位数不足,高位补“0”。各等压面层高度为海拔位势高度,单位为“位势米”。地面层高度采用观测场海拔高度(四舍五入取整),单位为“m”。

(7)温度(TTTTT),单位为“℃”,由 5 个字符组成:第 1 位为符号位,正为“0”,负为“－”;第 2—3 位为整数位,位数不足,高位补“0”;第 4 位为小数点;第 5 位为小数位,位数不足,低位补“0”。

(8)露点温度(TdTdTdTdTd),单位为“℃”,由 5 个字符组成:第 1 位为符号位,正为“0”,负为“－”;第 2～3 位为整数位,位数不足,高位补“0”;第 4 位为小数点;第 5 位为小数位,位数不足,低位补“0”。

(9)风向(ddd),单位为“度”,用 3 位整数表示,位数不足,高位补“0”。静风时,风向为“000”。

(10)风速(fff),单位为“m/s”,用 3 位整数表示,位数不足,高位补“0”。

5.2.4.2　BB 段

本段包括日期、0 ℃层气压、高度、露点温度 4 组数据。段指示码(BB)由 2 个大写字母组成。

(1)观测次数(gg),编制规定同 5.2.4.1(1)。

(2)日期(YY),编制规定同 5.2.4.1(2)。

(3)气压(PPPPPPPP),编制规定同 5.2.4.1(5)。

(4)高度(hhhhh),单位为“位势米”,为海拔位势高度,用5位整数表示,位数不足,高位补“0”。

(5)露点温度($T_dT_dT_dT_dT_d$),编制规定同5.2.4.1(8)。

5.2.4.3 CC段

本段包括对流层顶编号、相对时间、气压、高度、温度、风向、风速7组数据。

(1)观测次数(gg),编制规定同5.2.4.1(1)。

(2)日期(YY),编制规定同5.2.4.1(2)。

(3)实测对流层顶层数(nnn),编制规定同5.2.4.1(3)。

(4)对流层顶编号(kk),用2位整数表示,编号规则依据对流层顶分层规定。

(5)相对时间(SSSSS),编制规定同5.2.4.1(4)。

(6)气压(PPPPPPPP),编制规定同5.2.4.1(5)。

(7)高度(hhhhh),编制规定同5.2.4.2(4)。

(8)温度(TTTTT),编制规定同5.2.4.1(7)。

(9)风向(ddd),编制规定同5.2.4.1(9)。

(10)风速(fff),编制规定同5.2.4.1(10)。

5.2.4.4 DD段

本段包括压温湿特性层序号、相对时间、气压、温度、露点温度5组数据。

(1)观测次数(gg),编制规定同5.2.4.1(1)。

(2)日期(YY),编制规定同5.2.4.1(2)。

(3)观测层数(nnn),编制规定同5.2.4.1(3)。

(4)特性层编号(kkk),用3位整数表示,从001开始按升序编号。

(5)相对时间(SSSSS),编制规定同5.2.4.1(4)。

(6)气压(PPPPPPPP),编制规定同5.2.4.1(5)。

(7)温度(TTTTT),编制规定同5.2.4.1(7)。

(8)露点温度($T_dT_dT_dT_dT_d$),编制规定同5.2.4.1(8)。

5.2.4.5 EE段

本段包括日期、地面层风向和风速、距地300 m、距地600 m、距地900 m高度风向和风速9组数据。

(1)观测次数(gg),编制规定同5.2.4.1(1)。

(2)日期(YY),编制规定同5.2.4.1(2)。

(4)风向(ddd),编制规定同5.2.4.1(9)。

(5)风速(fff),编制规定同5.2.4.1(10)。

5.2.4.6　FF 段

本段包括相对时间、规定高度、风向、风速 4 组数据。规定高度为距海平面高度 0.5、1.0、1.5、2.0、3.0、4.0、5.0、5.5、6.0、7.0、8.0、9.0、10.0、10.5、12.0、14.0、16.0、18.0、20.0、22.0、24.0、26.0、28.0、30.0、32.0、34.0、36.0、38.0、40.0 km 等。

(1)观测次数(gg),编制规定同 5.2.4.1(1)。

(2)日期(YY),编制规定同 5.2.4.1(2)。

(3)观测层数(nnn),编制规定同 5.2.4.1(3)。

(4)相对时间(SSSSS),编制规定同 5.2.4.1(4)。

(5)规定高度(hhh),单位为“百米”,用 3 位整数表示,位数不足,高位补“0”。

(6)风向(ddd),编制规定同 5.2.4.1(9)。

(7)风速(fff),编制规定同 5.2.4.1(10)。

5.2.4.7　GG 段

本段包括最大风层编号、相对时间、最大风层气压、高度、风向、风速 6 组数据。

(1)观测次数(gg),编制规定同 5.2.4.1(1)。

(2)日期(YY),编制规定同 5.2.4.1(2)。

(3)观测层数(nnn),编制规定同 5.2.4.1(3)。

(4)最大风层编号(KKK),用 3 位整数表示,编号规则按“气象电码手册”中的最大风层编报顺序,从 001 开始按升序编号。

(5)相对时间(SSSSS),编制规定同 5.2.4.1(4)。

(6)气压(PPPPPPPP),编制规定同 5.2.4.1(5)。

(7)高度(hhhhh),编制规定同 5.2.4.2(4)。

(8)风向(ddd),编制规定同 5.2.4.1(9)。

(9)风速(fff),编制规定同 5.2.4.1(10)。

5.2.4.8　HH 段

本段包括风特性层编号、相对时间、气压、风向、风速 5 组数据。

(1)观测次数(gg),编制规定同 5.2.4.1(1)。

(2)日期(YY),编制规定同 5.2.4.1(2)。

(3)观测层数(nnn),编制规定同 5.2.4.1(3)。

(4)风特性层编号(KKK),用 3 位整数表示,从 001 开始按升序编号。

(5)相对时间(SSSSS),编制规定同 5.2.4.1(4)。

(6)气压(PPPPPPPP),编制规定同 5.2.4.1(5)。

(7)风向(ddd),编制规定同 5.2.4.1(9)。

(8)风速(fff),编制规定同 5.2.4.1(10)。

5.2.4.9 II 段

本段为秒级采样数据，数据为采样相对时间、温度、气压、相对湿度、仰角、方位角、斜距、经度偏差、纬度偏差。如果探测系统为 GPS，包括的数据为采样相对时间、温度、气压、相对湿度、经度、纬度、高度。

(1)观测次数(gg)，编制规定同 5.2.4.1(1)。

(2)观测系统型号编码(××)，由 2 个字符组成，各类观测系统编码见表 5.3。

表 5.3 观测系统型号编码表

编码	代码	观测系统型号
01	RD	无线电定向仪
02	PB	光学经纬仪
03	RT	无线电经纬仪
04	701	701 二次测风雷达
05	GFE(L)-1	GFE(L)-1 型二次测风雷达
06	GFE(L)-2	GFE(L)-2 型二次测风雷达
07	707	C 波段测风雷达
08	GPS-MW31	MW31GPS 接收系统
…	…	……
99	OTHER	其他

(3)日期(YY)，编制规定同 5.2.4.1(2)。

(4)记录条数(nnnn)，用 4 位整数表示，位数不足，高位补“0”。

(5)采样相对时间(SSSSS)，编制规定同 5.2.4.1(4)。

(6)温度(TTTTT)，编制规定同 5.2.4.1(7)。

(7)气压(PPPPPPPP)，编制规定同 5.2.4.1(5)。

(8)相对湿度(UUU)，单位为“%”，用 3 位整数表示，位数不足，高位补“0”。

(9)仰角($e_3e_3e_3e_3e_3e_3$)，单位为“度”，由 6 个字符组成：第 1 位为符号位，正为“0”，负为“－”；第 2—3 位为整数位，位数不足，高位补“0”；第 4 位为小数点；第 5—6 位为小数位，位数不足，低位补“0”。

(10)方位角($e_4e_4e_4e_4e_4e_4$)，单位为“度”，由 6 个字符组成：第 1—3 位为整数位，位数不足，第 4 位为小数点；第 5—6 位为小数位，位数不足，低位补“0”。

(11)斜距(rrrrrr)，单位为“m”，用 6 位整数表示，表示探测仪器与探测系统天线之间的直线距离。

(12)经度偏差($L_{or}L_{or}L_{or}L_{or}L_{or}L_{or}L_{or}L_{or}L_{or}$)，单位为“度”，由 9 个字符组成：第 1

位为符号位，正为“0”，负为“－”，含义如下：“0”为东，“－”为西；第 2—3 位为整数位，位数不足，高位补“0”；第 4 位为小数点；第 5—9 位为小数位，位数不足，低位补“0”。

(13)纬度偏差($L_{ar}L_{ar}L_{ar}L_{ar}L_{ar}L_{ar}L_{ar}L_{ar}L_{ar}$)，单位为“度”，由 9 个字符组成：第 1 位为符号位，正为“0”，负为“－”，含义如下：“0”为北，“－”为南：第 2—3 位为整数位，位数不足，高位补“0”；第 4 位为小数点；第 5—9 位为小数位，位数不足，低位补“0”。

(14)经度(LLLLLLLLLL)，单位为“度”，由 10 个字符组成：第 1 位为符号位，正为“0”，负为“－”，含义如下：“0”为东经，“－”为西经；第 2—4 位为整数位，位数不足，高位补“0”；第 5 位为小数点；第 6—10 位为小数位，位数不足，低位补“0”。

(15)纬度(QQQQQQQQQ)，单位为“度”，由 9 位字符组成：第 1 位为符号位，正为“0”，负为“－”，含义如下：“0”为北纬，“－”为南纬；第 2～3 位为整数位，位数不足，高位补“0”；第 4 位为小数点；第 5—9 位为小数位，位数不足，低位补“0”。

(16)高度(hhhhh)，编制规定同 5.2.4.2(4)。

5.2.4.10　JJ 段

本段包括分钟级数据的相对时间、温度、气压、相对湿度、风向、风速、高度、经度偏差、纬度偏差 9 组数据。

(1)观测次数(gg)，编制规定同 5.2.4.1(1)。

(2)日期(YY)，编制规定同 5.2.4.1(2)。

(3)记录条数(nnn)，用 3 位整数表示，位数不足，高位补“0”。

(4)相对时间(MMMMM)，单位为“min”，由 5 个字符组成：前 3 位为整数位，位数不足，高位补“0”；第 4 位为小数点；第 5 位为小数位。

(5)温度(TTTTT)，编制规定同 5.2.4.1(7)。

(6)气压(PPPPPPPP)，编制规定同 5.2.4.1(5)。

(7)相对湿度(UUU)，单位为“%”，用 3 位整数表示，位数不足，高位补“0”。

(8)风向(ddd)，编制规定同 5.2.4.1(9)。

(9)风速(fffff)，单位为“m/s”，由 5 个字符组成：前 3 位为整数位，位数不足，高位补“0”；第 4 位为小数点；第 5 位为小数位，位数不足，低位补“0”。

(10)高度(hhhhh)，编制规定同 5.2.4.1(6)。

(11)经度偏差($L_{or}L_{or}L_{or}L_{or}L_{or}L_{or}L_{or}L_{or}L_{or}$)，单位为“度”，由 9 个字符组成：第 1 位为符号位，正为“0”，负为“－”，含义如下：“0”为东，“－”为西；第 2～3 位为整数位，位数不足，高位补“0”；第 4 位为小数点；第 5—9 位为小数位，位数不足，低位补“0”。

(12)纬度偏差($L_{ar}L_{ar}L_{ar}L_{ar}L_{ar}L_{ar}L_{ar}L_{ar}L_{ar}$)，单位为“度”，由 9 个字符组成：第 1 位为符号位，正为“0”，负为“－”，含义如下：“0”为北，“－”为南：第 2—3 位为整数位，位数不足，高位补“0”；第 4 位为小数点；第 5—9 位为小数位，位数不足，低位补“0”。

5.2.4.11　KK 段

本段为探测行为的基本描述，包括探空仪编码、生产厂家、生产日期、编号、施放计数、球重量、球与探空仪间实际绳长、平均升速、温度基测值、温度仪器值、温度偏差、气压基测值、气压仪器值、气压偏差、相对湿度基测值、相对湿度仪器值、相对湿度偏差、仪器检测结论、世界时和地方时的施放时间、探空终止时间、测风终止时间、探空终止原因、测风终止原因、探空终止高度、测风终止高度、施放时太阳高度角、终止时太阳高度角、总云量、低云量、云状、天气现象、能见度。

(1)观测次数(gg)，编制规定同 5.2.4.1(1)。

(2)日期(YY)，编制规定同 5.2.4.1(2)。

(3)探空仪编码(X_1X_1)，由 2 个字符组成，各类探空仪编码见表 5.4。

(4)探空仪生产厂家(X_2X_2)，由 2 个字符组成，生产厂家编码见表 5.5。

表 5.4　探空仪型号编码表

编码	代码	探空仪型号	编码	代码	探空仪型号
01	RS12	芬兰 RS-12 型探空仪	07	GTS(U)-2	GTS(U)-2 型数字式探空仪
02	Diamond	美国 Diamond 探空仪	08	TD2-A	TD2-A 型数字式探空仪
03	GZZ1	49 型探空仪	09	RS92	GPS 探空仪(VAISALA)
04	GZZ2	59 型探空仪	10	TC-1	C 波段探空仪
05	701	701 电子探空仪	…	…	……
06	GTS1	GTS1 型数字式探空仪	99	OTHER	其他

表 5.5　探空仪或观测系统生产厂家编码表

编码	探空仪或观测系统生产厂家	编码	探空仪或观测系统生产厂家
1	上海长望气象科技有限公司	11	南京大桥机器厂
2	太原无线电一厂	12	成都 784 厂
3	青海无线电厂	13	芬兰 Vaisala 公司
4	北京华创升达高科技发展中心	…	……
5	天津气象仪器厂	99	其他
…	……		

(5)探空仪生产日期(YYYYMMDD)，用 8 位整数表示，“YYYY”表示年，“MM”表示月，“DD”表示日，位数不足，高位补“0”。

(6)探空仪编号(mmmmmmmmmmmm)，有 12 个字符组成，位数不足，高位补“0”。

(7)施放计数(kkk)，用 3 位整数表示，为本月内探测仪施放累计数，位数不足，高位补“0”。

(8)球重量(GGGG),单位为“g”,用 4 位整数表示,为携带探空仪的施放球重量,位数不足,高位补“0”。

(9)球与探空仪间实际绳长(LL),单位为“m”,用两位整数表示。

(10)平均升速(sss),单位为“m/min”,用 3 位整数表示。

(11)温度基测值($T_1T_1T_1T_1T_1$),由 5 个字符组成,编制规定同 5.2.4.1(7)。

(12)温度仪器值($T_2T_2T_2T_2T_2$),由 5 个字符组成,编制规定同 5.2.4.1(7)。

(13)温度偏差($T_3T_3T_3T_3$),单位为“℃”,由 4 个字符组成,为温度基测值一度仪器值:第 1 位为符号位,正为“0”,负为“—”;第 2 位为整数位;第 3 位为小数点;第 4 位为小数位。

(14)气压基测值($P_1P_1P_1P_1P_1P_1$),单位为“hPa”,由 6 个字符组成:前 4 位为整数位,位数不足,高位补“0”;第 5 位为小数点;第 6 位为小数位。

(15)气压仪器值($P_2P_2P_2P_2P_2P_2$),单位为“hPa”,由 6 个字符组成:前 4 位为整数位,位数不足,高位补“0”;第 5 位为小数点;第 6 位为小数位。

(16)气压偏差($P_3P_3P_3P_3$),单位为“hPa”,由 4 个字符组成,为气压基测值一压仪器值:第 1 位为符号位,正为“0”,负为“—”;第 2 位为整数位;第 3 位为小数点;第 4 位为小数位。

(17)相对湿度基测值($U_1U_1U_1$),单位为“%”,用 3 位整数表示,位数不足,高位补“0”。

(18)相对湿度仪器值($U_2U_2U_2$),单位为“%”,用 3 位整数表示,位数不足,高位补“0”。

(19)相对湿度偏差(U_3U_3),用 2 位整数表示,即湿度基测值一度仪器值,第 1 位为符号位,正为“0”,负为“—”,单位为“%”。

(20)仪器检测结论(T),用 1 位整数表示,“1”表示合格,“0”表示不合格。

(21)施放时间(世界时)($G_1G_1G_1G_1G_1G_1$),用 6 位整数表示,前 2 位为时,第 3 位和第 4 位为分,后 2 位为秒,位数不足,高位补“0”。

(22)施放时间(地方时)($G_2G_2G_2G_2G_2G_2$),用 6 位整数表示,前 2 位为时,第 3 位和第 4 位为分,后 2 位为秒,位数不足,高位补“0”。

(23)探空终止时间(世界时)($t_1t_1t_1t_1t_1t_1$),用 6 位整数表示,前 2 位为时,第 3 位和第 4 位为分,后 2 位为秒,位数不足,高位补“0”。

(24)为测风终止时间(世界时)($t_2t_2t_2t_2t_2t_2$),用 6 位整数表示,前 2 位为时,第 3 位和第 4 位为分,后 2 位为秒,位数不足,高位补“0”。

(25)探空终止原因编码(S_1S_1),由 2 个字符组成,编码见表 5.6。

(26)测风终止原因编码(S_2S_2),由 2 个字符组成,编码见表 5.6。

表 5.6　探空/测风终止原因编码表

编码	探空终止原因	编码	探空终止原因
1	球炸	5	接收系统故障(例如雷达、卫星导航接收设备故障等)
2	信号突然消失	6	探空仪器故障
3	干扰	7	放弃
4	信号不清	8	其他(具体原因在备注事项说明)

(27)探空终止高度($h_1h_1h_1h_1h_1$),单位为“m”,用 5 位整数表示,位数不足,高位补“0”。

(28)测风终止高度($h_2h_2h_2h_2h_2$),单位为“m”,用 5 位整数表示,位数不足,高位补“0”。

(29)施放时太阳高度角($e_1e_1e_1e_1e_1$),单位为“度”,由 5 个字符组成:第 1 位为符号位,正为“0”,负为“—”;第 2—3 位为整数位,位数不足,高位补“0”;第 4 位为小数点;第 5 位为小数位。

(30)终止时太阳高度角($e_2e_2e_2e_2e_2$),由 5 个字符组成,编制规定同施放时太阳高度角。

(31)总云量(n_1n_1),单位为“成”,用 2 位整数表示,位数不足,高位补“0”。

(32)低云量(n_2n_2),单位为“成”,用 2 位整数表示,位数不足,高位补“0”。

(33)云属简写符号(ZZ),由 2 个字符组成,简写符号见表 5.7。

(34)天气现象编码(q_1q_1),由 2 个字符组成,编码见表 5.8。

(35)能见度($j_1j_1j_1j_1j_1$),单位为“km”,由 5 个字符组成:前 3 位为整数位,位数不足,高位补“0”;第 4 位为小数点;第 5 位为小数位。

表 5.7　云属简写符号

简写	云属	简写	云属
Ci	卷云	Ns	雨层云
Cc	卷积云	Sc	层积云
Cs	卷层云	St	层云
Ac	高积云	Cu	积云
As	高层云	Cb	积雨云
//	由于黑暗、雾、沙尘暴或其他类似现象而云不可见		

表 5.8　天气现象代码表

编码	现象名称	编码	现象名称
01	露	38	吹雪
02	霜	39	雪暴
03	结冰	42	雾
04	烟幕	48	雾凇
05	霾	50	毛毛雨
06	浮尘	56	雨凇
07	扬沙	60	雨
08	尘卷风	68	雨夹雪
10	轻雾	70	雪
13	闪电	76	冰针
14	极光	77	米雪
15	大风	79	冰粒
16	积雪	80	阵雨
17	雷暴	83	阵性雨夹雪
18	飑	85	阵雪
19	龙卷	87	霰
31	沙尘暴	89	冰雹

资料来源:《常规高空气象观测业务规范》(中国气象局,2010),《高空气象观测 L 波段二次测风探空雷达:QXT 609—2021》(全国气象仪器与观测方法标准化技术委员会,2021b)。

5.3　湍流通量观测

5.3.1　仪器安装

5.3.1.1　观测塔位置

陆-气通量观测塔宜安装于拟观测下垫面主导风向的中央位置,符合上风方向距离与仪器安装高度为 100∶1 的经验法,周围无明显障碍物遮挡。无明显的主导风向或风向有明显季节变化时,宜安装在场地中央,或根据其他设备综合考虑安装位置。目标观测对象为农田、草地、湿地、荒漠、森林时,应安装在与观测目标对应的下垫面上。

海-气通量观测塔宜安装于上风方向开阔、无障碍物，靠近海岸的沙滩、浅水或浅水礁石区。

5.3.1.2　安装高度

陆-气通量观测应根据观测塔沿上风方向的距离与安装高度为 100∶1 的经验法，确定湍流通量观测仪器的安装高度。农田和草地等低矮冠层植被区，仪器安装高度宜高于冠层 2 m 高大冠层植被区，仪器安装高度宜为高大冠层植被平均高度的 1.5 倍。

海-气通量观测应根据观测场地、当地潮汐和海浪状况，确定湍流通量观测仪器安装高度。一般宜位于距离平均海面 10 m 的高度上。

其他观测仪器的安装高度，可根据观测研究需要、当地下垫面植被条件、平均海面高度和海浪状况等因素确定。

5.3.1.3　安装层次

根据观测项目和观测目的进行一层或分层安装。湍流通量观测仪器通常安装一层，可根据需要多层安装。辅助观测要素仪器宜多层安装。

5.3.2　湍流通量观测仪器安装

5.3.2.1　三维超声风温仪

三维超声风温仪应按以下要求安装：

(1)选择设备专用支架牢固安装，安装完成后设备应保持水平；

(2)有方向性选择功能的设备，探头应朝向或垂直于主导风向；

(3)有主机的设备，主机应安装在探头下方。

5.3.2.2　红外二氧化碳/水汽分析仪

红外二氧化碳/水汽分析仪应按以下要求安装：

(1)选择设备专用支架牢固安装，安装完成后设备应保持水平；

(2)探头稍倾斜；

(3)分离式红外二氧化碳/水汽分析仪的探头，应位于三维超声风温仪的侧后方，与三维超声风温仪探头的中心位置相距 20～30 cm；

(4)有主机的设备，主机应安装在探头下方。

5.3.3　辅助观测要素仪器安装

气压、风速、风向、气温、相对湿度、降水量、土壤温度、辐射要素的观测仪器，安装应符合《地面气象观测规范　第 1 部分：总则》(GB/T 35221—2017)(全国气象仪器与观测方法标准化技术委员会，2017a)和表 5.9(中国气象局综合观测司，2014)要求。

表 5.9　仪器安装要求表

仪器	安装要求	允许误差	基准部位
干湿球温度表	高度 1.50 m	±5 cm	感应部分中心
最高温度表	高度 1.53 m	±5 cm	感应部分中心
最低温度表	高度 1.52 m	±5 cm	感应部分中心
温度计	高度 1.50 m	±5 cm	感应部分中部
湿度计	在温度计上层横隔板上		
毛发湿度表	上部固定在温度表支架的上横梁		
温湿度传感器	高度 1.50 m	±5 cm	感应部分中部
雨量器	高度 70 cm	±3 cm	口缘
虹吸式雨量计	仪器自身高度		
翻斗式遥测雨量计	仪器自身高度		
雨量传感器	高度不低于 70 cm，不高于 3 m		口缘
小型蒸发皿	高度 70 cm	±3 cm	口缘
E601B 型蒸发器	高度 30 cm	±1 cm	口缘
地面温度表(传感器)	感应部分和表身埋入土中一半		感应部分中心
地面最高、最低温度表	感应部分和表身埋入土中一半		感应部分中心
曲管地温表(浅层地温传感器)	深度 5 cm、10 cm、15 cm、20 cm 倾斜角 45°(曲管地温表)	±1 cm ±5°	感应部分中心 表身与地面
直管地温表(深层地温传感器)	深度 40 cm、80 cm 深度 160 cm 深度 320 cm	±3 cm ±5 cm ±10 cm	感应部分中心
冻土器	深度 50～350 cm	±3 cm	内管零线
日照计(传感器)	高度以便于操作为准 纬度以本站纬度为准 方位正北	±0.5° ±5°	底座南北线
辐射表(传感器)	支架高度 1.50 m 直接辐射、散射辐射表：方位正北 直接辐射表：纬度以本站纬度为准	±10 cm ±0.25° ±0.1°	支架安装面 底座南北线
风速器(传感器)	安装在观测场高 10～12 m		风杯中心
风向器(传感器)	安装在观测场高 10～12 m 方位正南	±5°	风标中心 方位指南杆
电线积冰架	上导线高度 220 cm	±5 cm	导线水平面
定槽水银气压表	高度以便于操作为准		水银槽盒中心
动槽水银气压表	高度以便于操作为准		象牙针尖
气压计(传感器)	高度以便于操作为准		
采集器箱	高度以便于操作为准		

潮高、潮时、波高、波向、波周期、表层海水温度和盐度要素的观测仪器，安装应符合《海滨观测规范》(GB/T 14914—2006)(国家海洋标准计量中心，2006)要求。

其他观测仪器宜按照相关操作手册安装。

5.3.4 维护/校准

5.3.4.1 维护

(1)总体要求

定期巡视观测场地，检查观测仪器和辅助设备运行状态、观测数据和数据文件的完整性，检查观测数据是否异常；定期下载和备份数据各类观测数据文件；定期对仪器维护过程作详细记录。

(2)三维超声风温仪

三维超声风温仪应按以下要求进行维护：

①应定期检查维护设备，保证设备符合安装技术要求；

②应定期检查、清洁设备传感器，保证设备处于良好运行状态。

(3)红外二氧化碳/水汽分析仪

红外二氧化碳/水汽分析仪应按以下要求进行维护：

①应定期检查设备镜面是否清洁、光路有无异物；

②镜面的尘垢和盐渍，应使用软棉签蘸取水或者酒精清除；

③进行清除时，注意避免划伤镜面；

④应定期更换设备的内部干燥剂。

(4)其他仪器和辅助设备

其他仪器和辅助设备应按以下要求进行维护：

①应定期维护设备；

②应定期检查时钟误差；

③应定期清洁采集器、传感器。检查电缆、信号线状况，检查供电设施，保证供电安全。

5.3.4.2 仪器校准

(1)三维超声风温仪

按照三维超声风温仪技术手册的有关规定，返回生产厂家进行校准。

(2)红外二氧化碳/水汽分析仪

仪器在陆地上运行，每半年标定一次；在海洋环境中运行，每3个月标定一次。标定包括零点标定和跨距(Span)标定。

(3)辅助观测要素仪器

辅助要素观测仪器的标定应符合省级以上计量部门对该类仪器的标定规程。

5.3.5 数据采集与处理

5.3.5.1 数据采集

三维超声风温仪和红外二氧化碳/水汽分析仪的数据采集应同步进行，采样频率参见表 5.10。辅助要素观测仪器的数据采集宜根据研究目的而进行，采样频率参见表 5.11。

表 5.10 湍流通量观测仪器的技术性能

测量要素	范围	分辨力	最大允许误差	采样频率
水平风速(x,y 轴)	−60～60 m/s	0.01 m/s	±2%	10 次/s
垂直风速(z 轴)	−8～8 m/s	0.01 m/s	±2%	
超声虚温	−50～50 ℃	0.01 ℃	±0.15 ℃	
水汽密度	0～42 g/m^3	0.1 g/m^3	±2%	
二氧化碳密度	0～1830 mg/m^3	0.1 mg/m^3	±1%	

表 5.11 辅助要素观测仪器的技术性能

测量要素	范围	分辨力	最大允许误差	采样频率
气压	450～1100 hPa	0.1 hPa	±0.3 hPa	6 次/min
风速	0～60 m/s	0.1 m/s	±(0.5 m/s+0.03 V)	60 次/min
风向	0～360°	3°	±5°	60 次/min
气温	−50～+50 ℃	0.1 ℃	±0.2 ℃	6 次/min
相对湿度	5%～100%	1%	±3% (≤ 80%) ±5% (> 80%)	6 次/min
降水量	0～4 mm/min (0.1 mm/翻斗)	0.1 mm	±0.4 mm(≤10 mm) ±4%(> 10 mm)	1 次/min
	0～400 mm(称重)	0.1 mm	±0.4 mm(≤10 mm) ±4%(> 10 mm)	1 次/min
大气长波辐射	−250～250 W/m^2	1 W/m^2	±5%(日累计)	30 次/min
地面长波辐射	−250～250 W/m^2	1 W/m^2	±5%(日累计)	30 次/min
太阳总辐射	0～2000 W/m^2	1 W/m^2	5%	30 次/min
地面反射辐射	0～2000 W/m^2	1 W/m^2	5%	30 次/min
净全辐射	−200～1400 W/m^2	1 W/m^2	15%	30 次/min

续表

测量要素	范围	分辨力	最大允许误差	采样频率
光合有效辐射	0～800 W/m²	1 W/m²	±5%(日累计)	30 次/min
土壤温度	−50～80 ℃	0.1 ℃	±0.3 ℃	6 次/min
土壤体积含水量	0～50%	0.1%	±5%	1 次/min
土壤热通量	−200～200 W/m²	1 W/m²	±5%	6 次/min
潮高	0～1000 cm	1 cm	±5 cm	1 次/3 s
潮时	—	1 min	±1 min	1 次/min
波高	0～10 m	0.1 m	±15%	2 次/ s
波向	0～3600	10	±100	2 次/ s
波周期	0～50 s	0.1 s	±0.5 s	1 次/3 s
表层海水温度	−5～50 ℃	0.1 ℃	±0.2 ℃	1 次/3 s
表层海水盐度	2～42	—	±0.05	1 次/3 s

注：V 是实际风速。

5.3.5.2　数据处理

(1)平均周期

湍流通量计算的平均周期一般为 30～60 min。辅助要素观测数据平均周期宜为 30 min。

(2)计算方法

动量通量、感热通量、潜热通量、二氧化碳通量的计算应符合涡动相关法。

动量通量按式(5.10)计算：

$$\tau=\rho_a\sqrt{(\overline{w'u'})^2+(\overline{w'v'})^2} \tag{5.10}$$

式中：τ 为动量通量，单位为千克每米平方米[kg/(m·m²)]；ρ_a 为空气密度，单位为千克每立方米(kg/m³)；u' 为水平风速(x 轴)的脉动量，单位为米每秒(m/s)；v' 为水平风速(y 轴)的脉动量，单位为米每秒(m/s)；w' 为垂直气流(z 轴)的脉动量，单位为米每秒(m/s)。

感热通量按式(5.11)计算：

$$H=\rho_a c_p \overline{w'T'} \tag{5.11}$$

式中：H 为感热通量，单位为瓦每平方米(W/m²)；ρ_a 为空气密度，单位为千克每立方米(kg/m³)；c_p 为干空气比定压热容，单位为焦耳每千克开尔文[J/(kg·K)]；w' 为垂直气流(z 轴)的脉动量，单位为米每秒(m/s)；T' 为气温的脉动量，单位为摄氏度(℃)。

潜热通量按式(5.12)计算：

$$LE = L_v \overline{w'\rho'_v} \tag{5.12}$$

式中：LE 为潜热通量，单位为瓦每平方米（W/m^2）；L_v 为蒸发潜热，单位为焦耳每克（J/g）；w' 为垂直气流（z 轴）的脉动量，单位为米每秒（m/s）；ρ_v' 为水汽密度的脉动量，单位为克每立方米（g/m^3）。

二氧化碳通量按式(5.13)计算：

$$F_c = \overline{w'\rho'_c} \tag{5.13}$$

式中：F_c 为二氧化碳通量，单位为毫克每平方米秒[$mg/(m^2 \cdot s)$]；w' 为垂直气流（z 轴）的脉动量，单位为米每秒（m/s）；ρ_c' 为二氧化碳密度的脉动量，单位为毫克每平方米（mg/m^2）。

(3)湍流脉动数据处理

应根据观测研究目的、站点的实际情况确定适宜的方法。

①异常值剔除

按以下步骤对原始时间序列进行处理：检查设备状态标识(diag)，如 diag≠0，则为异常值；检查各要素的瞬时值是否超出气候阈值，如超出，则为异常值；方差检验，由原始时间序列 x 求相邻点之差 Δx 的总体标准差 $\sigma_{\Delta x}$，逐点检查，如某点满足 $\Delta x \geqslant n\sigma_{\Delta x}$（一般 n 为 5），则为异常值；但当连续 3 点以上均超出上述范围，则不标记为异常值；剔除异常值，并将该点值用其前后相邻实测值内插取代。

注：对 30 min 湍流脉动资料，一般异常值数小于 100，异常值数过多时，剔除该时次。

②倾斜修正

(a)二次坐标旋转法

对下垫面为均匀平坦情况，采用二次坐标旋转法进行修正，其方法如下。

利用每个平均周期(30 min)的三维风速(u_0，v_0，w_0)资料进行旋转。第一次为 $x-y$ 平面绕 z 轴旋转，使平均水平风速(x 轴)$\overline{v}$ 为 0，其旋转角为 θ，旋转后的三维风速(u_1，v_1，w_1)分别为式(5.14)—式(5.17)：

$$u_1 = u_0\cos\theta + v_0\sin\theta \tag{5.14}$$

$$v_1 = -u_0\sin\theta + v_0\cos\theta \tag{5.15}$$

$$w_1 = w_0 \tag{5.16}$$

$$\theta = \arctan(\overline{v_0}/\overline{u_0}) \tag{5.17}$$

第二次为新的 $x-z$ 平面绕 y 轴旋转，使平均垂直风速 $\overline{w}$ 为 0，其旋转角为 ϕ，旋转后的三维风速(u_2，v_2，w_2)为式(5.18)—式(5.21)：

$$u_2 = u_1\cos\phi + w_1\sin\phi \tag{5.18}$$

$$v_2 = v_1 \tag{5.19}$$

$$w_2 = -u_1\sin\phi + w_1\cos\phi \tag{5.20}$$

$$\phi=\arctan(\overline{w_1}/\overline{u_1}) \tag{5.21}$$

(b)平面拟合法

对下垫面复杂、非均匀，或设备安装在晃动平台，采用平面拟合法修正，其方法如下：

利用一段时间（一般选5～10 d）的三维风速资料，设平均风场在一个与测站地面平行的平面（$x-y$ 平面）内，拟合该平面，然后将每一个平均周期的三维风速资料旋转到此平面上。

②频率响应修正

采用式(5.22)对通量高低频损失进行修正：

$$F=\frac{\int_0^{\infty}Co_{\mathrm{ws}}(f)\mathrm{d}f}{\int_0^{\infty}TF_{\mathrm{HF}}(f)TF_{\mathrm{LF}}(f)Co_{\mathrm{ws}}(f)\mathrm{d}f} \tag{5.22}$$

式中：f 为频率，单位为赫兹(Hz)；Co_{ws}为垂直气流和某标量的理论协谱；TF_{HF}为高通转移函数；TF_{LF}为低通转移函数。

④超声虚温修正

采用式(5.23)进行修正：

$$H_{\mathrm{a}}=\left[H_{*}-0.51\rho_{\mathrm{a}}c_{\mathrm{p}}\frac{R_{\mathrm{d}}(\overline{T})^2}{P}\frac{LE}{L_{\mathrm{v}}}\right]\frac{\overline{T}}{\overline{T_{*}}} \tag{5.23}$$

式中：H_{a}为经超声虚温修正后的感热通量，单位为瓦每平方米(W/m²)；H_{*}为超声虚温计算的感热通量，单位为瓦每平方米(W/m²)；ρ_{a}为空气密度，单位为千克每立方米(kg/m³)；c_{p}为干空气比定压热容，单位为焦耳每千克开尔文[J/(kg·K)]；R_{d}为干空气气体常数，单位为焦耳每克开尔文[J/(g·K)]；P 为气压，单位为百帕(hPa)；LE 为潜热通量，单位为瓦每平方米(W/m²)；L_{v}为蒸发潜热，单位为焦耳每克(J/g)；$\overline{T}$ 为气温的平均值，单位为摄氏度(℃)；$\overline{T_{*}}$ 为超声虚温的平均值，单位为摄氏度(℃)。

⑤密度效应修正

采用式(5.24)和式(5.25)进行修正：

$$LE_{\mathrm{WPL}}=(1+\mu\sigma)\left(\overline{w'\rho_{\mathrm{v}}'}+\frac{\overline{\rho_{\mathrm{v}}}}{\overline{T}}\overline{w'T'}\right) \tag{5.24}$$

式中：LE_{WPL}为经空气密度效应修正后的潜热通量，单位为瓦每平方米(W/m²)；μ 为干空气与水汽分子量的比值；σ 为水汽密度与干空气密度的比值；w'为垂直风速(z 轴)的脉动量，单位为米每秒(m/s)；ρ_{v}'为水汽密度的脉动量，单位为克每立方米(g/m³)；$\bar{\rho}_{\mathrm{v}}$ 为水汽密度的平均值，单位为克每立方米(g/m³)；T'为气温的脉动量，单位为摄氏度(℃)；$\overline{T}$ 为气温的平均值，单位为摄氏度(℃)。

$$F_{c,WPL}=\overline{w'\rho_c'}+\mu\frac{\overline{\rho_c}}{\overline{\rho_d}}\overline{w'\rho_v'}+(1+\mu\sigma)\frac{\overline{\rho_c}}{\overline{T}}\overline{w'T'} \tag{5.25}$$

式中：$F_{c,WPL}$为经空气密度效应修正后的二氧化碳通量，单位为毫克每平方米秒[mg/(m^2·s)]；w'为垂直风速（z 轴）的脉动量，单位为米每秒（m/s）；ρ_c'为二氧化碳密度的脉动量，单位为毫克每立方米（mg/m^3）；$\overline{\rho_c}$ 为二氧化碳密度的平均值，单位为毫克每立方米（mg/m^3）；$\overline{\rho_d}$ 为干空气的密度，单位为千克每立方米（kg/m^3）；ρ_v'为水汽密度的脉动量，单位为克每立方米（g/m^3）；μ 为干空气与水汽分子量的比值；σ 为水汽密度与干空气密度的比值；T'为气温的脉动量，单位为摄氏度（℃）；$\overline{T}$ 为气温的平均值，单位为摄氏度（℃）。

(4)湍流通量数据质量检验

① 湍流平稳性检验

将每个样本（时间长度为 30 min）的湍流脉动数据系列分割为几个短时间间隔（6 个 5 min）的数据系列，检验整个平均周期的总体协方差与各分时段协方差的平均值的符合程度，采用湍流非平稳指数 IST 来表示：

$$\mathrm{IST}=\left|\frac{\overline{w'_{30}c'_{30}}-\frac{1}{6}\sum_{i=1}^{6}(\overline{w'_5c'_5})}{\overline{w'_{30}c'_{30}}}\right| \tag{5.26}$$

式中：w'为垂直风速（z 轴）的脉动量，单位为米每秒（m/s）；c'为某气象要素的脉动量。

② 湍流充分发展性检验

判别实测的无量纲标量方差与莫宁-奥布霍夫相似理论模拟值的符合程度，采用湍流总体特征指数 ITC_σ来表示：

$$\mathrm{ITC}_\sigma=\left|\frac{(\sigma_x/x_*)_{\mathrm{model}}-(\sigma_x/x_*)_{\mathrm{measurement}}}{(\sigma_x/x_*)_{\mathrm{model}}}\right| \tag{5.27}$$

式中：σ_x为某气象要素的方差；x_*为某气象要素的特征尺度参数。

③ 数据质量标识

对动量通量、感热通量、潜热通量和二氧化碳通量进行质量检验时，检验参数见表 5.12。

表 5.12　各湍流通量检验参数

湍流通量	湍流平稳性检验	湍流充分发展性检验
τ	$\overline{w'u'}$	σ_w/u_*，σ_u/u_*
H	$\overline{w'T'}$	σ_w/u_*，σ_T/u_*
LE	$\overline{w'\rho'_v}$	σ_w/u_*
F_c	$\overline{w'\rho'_c}$	σ_w/u_*

根据湍流非平稳指数和湍流总体特征指数，对湍流通量数据的质量评价可采用“0，1，2”三级划分标识(划分标准见表5.13)，其中0级表示高质量数据，可用于基础研究；1级表示中等质量数据，可用于长期观测资料处理；2级表示低质量数据，需剔除。

表5.13　各湍流通量数据质量等级划分标准

数据质量等级	IST	ITC_σ
0	<30%	<30%
1	<100%	<100%
2	>100%	>100%

数据来源：《陆-气和海-气通量观测规范》(GB/T 33696—2017)(全国气象仪器与观测方法标准化技术委员会，2017b)。

注：表中等级划分标准为建议使用。

第 6 章　实习报告编写提纲

报告提纲模板如下。

1　绪论

认知实习目的、任务、内容；

认知实习时间、实习地点位置；

本次认知实习完成情况。

附：地理位置图。

2　大气背景概况

描述实习区气候和天气特征。

附：图。

3　野外大气实习认知

3.1　各观测任务、观测内容

3.2　实习路线

描述认知路线、主要认知内容。

3.3　观测点认知

描述观测项目、观测设备、观测数据、观测方法等。

附：图和说明。

4　结语

4.1　取得认知与进展

4.2　存在问题和建议

参考文献

参考文献

安国英，郭兆成，叶佩，2022. 云南大理地区 1989—2019 年期间气候变化及对洱海水质的影响[J]. 现代地质，36(2)：406-417.

蔡旭辉，2008. 湍流微气象观测的印痕分析方法及其应用拓展[J]. 大气科学，32(1)：123-132.

崔讲学，柯怡明，杨志彪，2011. 地面气象观测[M]. 北京：气象出版社.

丁一汇，王遵娅，宋亚芳，等，2008. 中国南方 2008 年 1 月罕见低温雨雪冰冻灾害发生的原因及其与气候变暖的关系[J]. 气象学报，66(5)：808-825.

董保举，2017. 基于点苍山-洱海剖面观测系统对青藏高原东南缘气象要素垂直变化的研究[J]. 气象科技进展，7(5)：15-20.

杜正静，2007. 滇黔准静止锋对贵州地区天气的影响[D]. 南京：南京信息工程大学.

段旭，李英，孙晓东，2002. 昆明准静止锋结构[J]. 高原气象，21(2)：205-209.

樊平，1956. 昆明准静止锋[J]. 天气月刊(附刊)(3)：14-16.

高志球，卞林根，陆龙骅，等，2004. 水稻不同生长期稻田能量收支、CO_2通量模拟研究[J]. 应用气象学报，15(2)：129-140.

国家海洋标准计量中心，2006. 海滨观测规范：GB/T 14914—2006[S]. 北京：海洋出版社.

黄大华，傅绍铭，1985. 高黎贡山地气温的分布特征[J]. 气象(11)：18-21.

江源，刘黎平，庄薇，2009. 多普勒天气雷达地物回波特征及其识别方法改进[J]. 应用气象学报，20(2)：203-213.

姜会飞，2017. 农业气象学[M]. 2 版. 北京：科学出版社.

李耀孙，原韦华，孙绩华，等，2021. 云南雨季和干季小时降水的时空特性分析[J]. 高原山地气象研究，41(3)：24-32.

刘金福，2016. 陈一得——云南近代气象、天文、地震事业先驱[M]. 昆明：云南出版集团，云南人民出版社.

刘维暐，李金，范中玉，等，2023. 2013—2022 年云南丽江森林生物多样性国家野外科学观测研究站日气象数据集[J]. 中国科学数据(中英文网络版)，8(4)：28-38.

刘争毅，2022. 关于高黎贡山生物多样性与农业发展的几点思考[J]. 低碳世界，12(1)：196-198.

杜正静，丁治英，张书余，2007. 2001 年 1 月滇黔准静止锋在演变过程中的结构及大气环流特征分析[J]. 热带气象学报，23(3)：284-292.

罗四维，1960. 高原上空大气环流的特点[G]//杨鉴初，陶诗言，叶笃正，等. 西藏高原气象学. 北京：科学出版社.

明庆忠，童绍玉，朱晓辉，等，2016. 云南地理[M]. 北京：北京师范大学出版社.

全国气象仪器与观测方法标准化技术委员会，2017a. 地面气象观测规范　第 1 部分：总则：GB/T 35221—2017[S]. 北京：中国标准出版社.

全国气象仪器与观测方法标准化技术委员会，2017b. 陆-气和海-气通量观测规范：GB/T 33696—

2017[S]. 北京：中国标准出版社.

全国气象仪器与观测方法标准化技术委员会，2021a. 风廓线雷达观测规范：QX/T 620—2021[S]. 北京：气象出版社.

全国气象仪器与观测方法标准化技术委员会，2021b. 高空气象观测 L 波段二次测风探空雷达：QXT 609—2021[S]. 北京：气象出版社.

索渺清，丁一汇，2016. 昆明准静止锋的发现和研究[J]. 气象科技进展，6(3)：6-16.

王成刚，2019. 大气边界层探测实习教程[M]. 北京：气象出版社.

王曼，段旭，李华宏，等，2009. 地形对昆明准静止锋影响的数值模拟研究[J]. 气象，35(9)：77-83.

夏平，1959. 中国的锋面系统的分析研究[J]. 天气月刊(9)：21-24.

肖金香，穆彪，胡飞，2009. 农业气象学[M]. 2 版. 北京：高等教育出版社.

邢雯雯，孙绩华，刘辉志，等，2021. 高黎贡山复杂地形下局地环流的数值模拟研究[J]. 大气科学，45(4)：746-758.

徐安伦，李建，2017. 大理国家气候观象台综合气象观测和研究[J]. 气象科技进展，7(5)：8-14.

徐裕华，1991. 西南气候[M]. 北京：气象出版社.

许美玲，段旭，杞明辉，等，2011. 云南省天气预报员手册[M]. 北京：气象出版社.

许梓秀，王慕维，1965. 春季华南在冷垫上空南支西风中低压槽东移时的天气过程分析[J]. 气象学报，35(2)：117-125.

杨金红，高玉春，程明虎，2008. 相控阵天气雷达与多普勒雷达的探测精度与探测能力对比研究[J]. 气象，34(5)：44-51.

杨艳军，付志嘉，王晓滨等，2016. 大理国家气候观象台不同观测系统的观测数据差异性分析[J]. 气象水文海洋仪器，33(3)：13-20.

余皖云，2021. 高黎贡山国家级自然保护区贡山片区植物多样性监测与评价[J]. 林业调查规划，46(3)：37-44.

袁利平，邱发斌，武军，2011. 云南怒江 2011 年“3 · 20”持续强降水天气过程分析[J]. 云南气象，31(2)：23-28.

袁利平，王惠，杨燕，等，2012. 怒江州北部近 50a“桃花汛”降水变化特征[J]. 贵州气象，36(6)：32-35.

翟建雄，李邹，杨禄麟，等，2018. 香格里拉大气本底站温室气体观测业务简介[C]//第 35 届中国气象学会年会 S12 大气成分与天气、气候变化与环境影响暨环境气象预报及影响评估.

张光义，赵玉洁，2006. 相控阵雷达技术[M]. 北京：电子工业出版社.

张精华，张万诚，郑建萌，等，2016. 1970—2009 年冬季昆明准静止锋的变化特征及其影响分析[J]. 高原气象，35(5)：1298-1306.

张培昌，杜秉玉，戴铁丕，2001. 雷达气象学[M]. 2 版. 北京：气象出版社.

张瑞生，1984. 大气微波辐射计[J]. 气象科技(5)：76-80.

张哲，戚友存，兰红平，等，2023. 深圳 S 波段双偏振和 X 波段双偏振相控阵雷达定量降水估测组网拼图系统介绍[J]. 气象学报，81(3)：506-519.

中国气象局，2010. 常规高空气象观测业务规范[M]. 北京：气象出版社.

中国气象局,2019.地面气象自动观测规范(第一版)[M].北京:气象出版社.

中国气象局综合观测司,2014.大气成分观测业务技术手册(第一分册)[M].北京:气象出版社.

中国气象局综合观测司,2018.新一代天气雷达观测规定(第二版)[Z].北京:中国气象局.

中央气象局,1966.中国气候图集[M].北京:地图出版社.

ECKLUND W L,CARTER D A,BALSLEY B B,1988. A UHF wind profiler for the boundary layer: Brief description and initial results[J]. Journal of Atmospheric and Oceanic Technology,5(3):432-441.

JONG P C,1950. The Kunming quasi-stationary front[J]. Journal of the Chinese Geophysical Society,2:87-103.

WMO,1996.气象仪器和观测方法指南(WMO手册中文版)[Z].日内瓦:世界气象组织.

YU T Y,ORESCANIN M B,CURTIS C D,2007. Beam multiplexing using the phased-array weather radar[J]. Journal of Atmospheric and Oceanic Technology,24(4):616-626.

附录A　野外大气观测点记录表

第　页/总　页

1. 认知点名称：
2. 认知点位置：
3. 认知点气候背景：
4. 认知点任务：
5. 认知点观测设备：
6. 观测流程：
7. 观测数据：
8. 观测记录：
9. 照相登记：

记录人：
日期：

附录B　地面气象观测簿

年　月　日

时间		02			08			14			20		
能见度													
总/低云量		/			/			/			/		
云状													
CL · CM · CH													
云高													
风向 · 风速													
ww · W													
降水量	定时												
	RR												
观测项目		读数	器差	订正后	读数	器差	订正后	读数	器差	订正后	读数	器差	订正后
干球温度													
湿球湿度													
毛发表													
最高温度													
最低温度													
水汽压													
相对湿度													
露点温度													
温度计													
湿度计													

续表

观测项目	读数	器差	订正后	读数	器差	订正后	读数	器差	订正后	读数	器差	订正后
附属温度												
气压读数												
本站气压												
$T_{12} \cdot T_m$												
海平面气压												
气压计												
a · PP												
$\Delta P_{24} \cdot T_{24}$												

地温	读数	器差	订正后	读数	器差	订正后	读数	器差	订正后	读数	器差	订正后
0 cm												
地面最高												
地面最低												
5 cm												
10 cm												
15 cm												
20 cm												
40 cm												
草面温度												

08 时		第一栏	第二栏				蒸发量
冻土深度	上限			160 cm			
	下限			320 cm			

(表中"80 cm"位于第三列表头位置：08 时 | 第一栏 | 第二栏 | 80 cm)

雪深	1	2	3	平均	样品重量	
					雪压	

电线积冰	最大			记事
	直径	厚度	重量	

天气现象	夜间	白天	备注

观测员：

校对员：

附录C　农气簿

省(自治区、直辖市)：
台站名称：
作物名称：
品种类型、属性：
栽培方式：

表 C.1　土壤水分、物理特性测定值

深度/cm	0～10	10～20	20～30	30～40	40～50	50～60	60～70	70～80	80～90	90～100
田间持水量/%										
土壤容重/(g/cm^3)										
凋萎湿度/%										

表 C.2　农气表

观测时期(月.日)						
土壤含水量/%	0～10 cm					
	90～100 cm					
土壤相对湿度/%	0～10 cm					
	10～20 cm					
	90～100 cm					
地下水位深度/m						
作物发育期						
干土层厚度/cm						
渗透深度/(cm/月.日)						
降水与灌溉/(mm,hm^2/m^3)						

附录 D　地面气象观测场

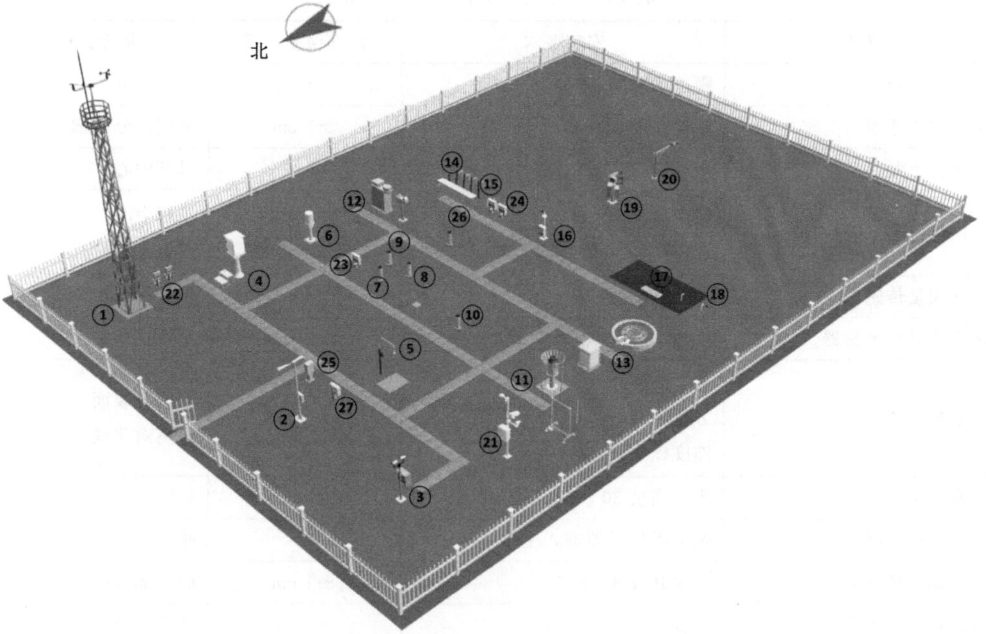

①风塔、风向风速传感器
②前向散射能见度仪
③降水现象仪
④百叶箱、气温传感器、湿度传感器、气温多传感器标准控制器
⑤自动雪深仪
⑥闪电定位仪
⑦翻斗雨量传感器Ⅰ
⑧翻斗雨量传感器Ⅱ
⑨翻斗雨量传感器Ⅲ
⑩翻斗雨量传感器Ⅳ
⑪称重式降水传感器
⑫酸雨自动观测仪
⑬通风防辐射罩、蒸发传感器
⑭深层地温传感(40、80、160、320 cm)
⑮冻土自动观测仪
⑯光电式数字日照计
⑰地面温度传感器、浅层地温传感器(5、10、15、20 cm)
⑱草面温度传感器
⑲全自动太阳跟踪器
⑳辐射传感器
㉑天气现象视频智能观测仪
㉒主采集器
㉓降水多传感器标准控制器
㉔地温分采集器
㉕综合集成硬件控制器
㉖雨量器
㉗配电箱

图 D.1　观测场仪器布置参考图(中国气象局,2019;WMO,1996)

附录 E　地面观测仪器、设备安装要求

表 E.1　仪器、设备安装要求表

仪器	安装要求	允许误差范围	基准部位
气压传感器	距地高度 120 cm	±3 cm	感应部分中心
温湿度传感器	距地高度 150 cm	±5 cm	感应部分中部
风速传感器	距地高度 10～12 m	—	风杯中心
风向传感器	距地高度 10～12 m 方位正北	— ±5°	风标中心 方位指北杆
翻斗雨量传感器	距地高度 70 cm	±3 cm	承水口口缘
称重式降水传感器	距地高度 120 cm 或 150 cm	±3 cm	承水口口缘
辐射传感器	支架高度 150 cm 方位正北 纬度以本站纬度为准	±10 cm ±0.25° ±0.1°	支架安装面 底座南北线
蒸发传感器	距地高度 30 cm	±1 cm	口缘
地面温度传感器	铂电阻传感器埋入土中一半	—	感应部分中心
草面温度传感器	距地高度 6 cm	±1 cm	感应部分中心
浅层地温传感器	深度 5、10、15、20 cm	±1 cm	感应部分中心
深层地温传感器	深度 40、80 cm 深度 160 cm 深度 320 cm	±3 cm ±5 cm ±10 cm	感应部分中心
前向散射能见度仪	距地高度 280 cm	±10 cm	采样区域中心
降水现象仪	距地高度 200 cm	±10 cm	采样区域中心
自动雪深观测仪	距地高度 150 cm 或 200 cm	±3 cm ±5 cm	测距探头
冻土自动观测仪	深度 0～150 cm 深度 150～300 cm 深度 300～450 cm	±1 cm ±1 cm ±1 cm	感应部分中心

续表

仪器	安装要求	允许误差范围	基准部位
光电式数字日照计	距地高度150 cm 方位正北 纬度以本站纬度为准	±5 cm ±5° ±0.5°	日照计中心 光学镜筒筒口
闪电定位仪	方位正北 仪器自身高度	0.25° —	磁场天线环
天气现象视频智能观测仪	距地高度280 cm	±10 cm	立柱顶端
采集器箱	高度以便于操作为准	—	—
地温分采集器箱	高度以便于操作为准	—	—
辐射分采集器箱	高度以便于操作为准	—	—
综合集成硬件控制器	高度以便于操作为准	—	—

附录 F　地面气象观测仪器技术性能要求

表 F.1　地面气象观测仪器技术性能要求表

测量要素	测量范围	分辨力	准确度	平均时间	采样频率
气温	−50～+50 ℃	0.1 ℃	±0.2 ℃	1 min	30 次/min
相对湿度	0～100%	1%	±3%(≤80%) ±5%(>80%)	1 min	30 次/min
气压	500～1100 hPa (任意 200 hPa)	0.1 hPa	±0.3 hPa	1 min	30 次/min
风向	0～360°	3°	±5°	3 s 1 min 2 min 10 min	1 次/s
风速	0～60 m/s(普通)	0.1 m/s	±(0.5+0.03*V*)m/s 注:*V* 为实际风速,下同		4 次/s
降水量	翻斗雨量 0～4 mm/min 称重雨量 0～400 mm	0.1 mm	±0.4 mm(≤10 mm) ±4%(>10 mm)	累计	1 次/min
日照	0～24 h	1 min	±0.1 h	累计	6 次/min
蒸发量	0～100 mm	0.1 mm	±0.2 mm(≤10 mm) ±2%(>10 mm)	累计	6 次/min
地面温度	−50～+80 ℃	0.1 ℃	±0.2 ℃(≤50 ℃) ±0.5 ℃(>50 ℃)	1 min	30 次/min
浅层地温	−40～+60 ℃	0.1 ℃	±0.3 ℃	1 min	30 次/min
深层地温	−30～+40 ℃	0.1 ℃	±0.3 ℃	1 min	30 次/min
草面温度	−50～+80 ℃	0.1 ℃	±0.2 ℃(≤50 ℃) ±0.5 ℃(>50 ℃)	1 min	30 次/min
总辐射	0～2000 W/m²	1 W/m²	±5%	1 min	30 次/min
净辐射	−200～1400 W/m²	1 W/m²	±20%	1 min	30 次/min
散射辐射	0～2000 W/m²	1 W/m²	±5%	1 min	30 次/min
反射辐射	0～2000 W/m²	1 W/m²	±5%	1 min	30 次/min

续表

测量要素	测量范围	分辨力	准确度	平均时间	采样频率
直接辐射	0～2000 W/m²	1 W/m²	±2%	1 min	30次/min
降水现象	毛毛雨、雨、雪、雨夹雪、冰雹	—	≥90%(降水量>0.1 mm)	1 min	1次/min
能见度	10～30000 m	1 m	±10%(≤1500 m) ±20%(>1500 m)	10 min	4次/min
雪深	0～150 cm	0.1 cm	±1 cm	1 min	10次/min
冻土	0～450 cm	1 cm	±2 cm	1 min	1次/min

附录 G　气象值的计算

表 G.1　地面气象要素气象值计算要求

气象要素	平均值	累计值	极值
气压	每分钟算术平均	—	每小时内极值及出现时间
气温			
相对湿度			
地温			
草面温度			
冻土			
辐射		小时累计值	
风速	以 0.25 s 为时间步长计算 3 s 滑动平均值；以 1 s 为时间步长(取整秒时的瞬时值)计算每分钟的 1 min、2 min 平均；以 1 min 为时间步长(取 1 min 平均值)计算每分钟的 10 min 滑动平均	—	每分钟、每小时内 3 s 极值(即极大风速)及出现时间；每小时内 10 min 滑动平均的极值(即最大风速)及出现时间
风向	时间步长同风速计算矢量平均	—	极大风速和最大风速出现时相应的风向
日照	—	每分钟、小时累计值	—
降水量			
蒸发量	每分钟水位的算术平均		
能见度	1 min 内采样数据计算 1 min 算术平均值；以 1 min 为时间步长，计算每分钟的 10 min 滑动平均	—	每小时内 10 min 滑动平均的极值(即最小值)及出现时间
雪深	每分钟算术平均	—	—

附录 H　云的分类

表 H.1　云的分类

云族	云属		云类	
	学名	简写	学名	简写
低云	积云	Cu	淡积云	Cu hum
			碎积云	Fc
			浓积云	Cu cong
	积雨云	Cb	秃积雨云	Cb calv
			鬃积雨云	Cb cap
	层积云	Sc	透光层积云	Sc tra
			蔽光层积云	Sc op
			积云性层积云	Sc cug
			堡状层积云	Sc cast
			荚状层积云	Sc lent
	层云	St	层云	St
			碎层云	Fs
	雨层云	Ns	雨层云	Ns
			碎雨云	Fn
中云	高层云	As	透光高层云	As tra
			蔽光高层云	As op
	高积云	Ac	透光高积云	Ac tra
			蔽光高积云	Ac op
			荚状高积云	Ac lent
			积云性高积云	Ac cug
			絮状高积云	Ac flo
			堡状高积云	Ac cast

续表

云族	云属		云类	
	学名	简写	学名	简写
高云	卷云	Ci	毛卷云	Ci fil
			密卷云	Ci dens
			伪卷云	Ci not
			钩卷云	Ci unc
	卷层云	Cs	毛卷层云	Cs fil
			薄幕卷层云	Cs nebu
	卷积云	Cc	卷积云	Cc

(1)积云

积云(Cu)为垂直向上发展的、顶部呈圆弧形或圆拱形重叠凸起，而底部几乎是水平的云块。云体边界分明。

如果积云和太阳处在相反的位置上，云的中部比隆起的边缘要明亮；反之，如果处在同一侧，云的中部显得黝黑但边缘带着鲜明的金黄色；如果光从旁边照映着积云，云体明暗就特别明显。积云是由气块上升、水汽凝结而成。

①淡积云(Cu hum)为扁平的积云，垂直发展不盛，水平宽度大于垂直厚度。在阳光下呈白色，厚的云块中部有淡影，晴天常见。

②碎积云(Fc)为破碎的不规则的积云块(片)，个体不大，形状多变。

③浓积云(Cu cong)为浓厚的积云，顶部呈重叠的圆弧形凸起，很像花椰菜；垂直发展旺盛时，个体臃肿、高耸，在阳光下边缘白而明亮。有时可产生阵性降水。

(2)积雨云

积雨云(Cb)为云体浓厚庞大，垂直发展极盛，远看很像耸立的高山。云顶由冰晶组成，有白色毛丝般光泽的丝缕结构，常呈铁砧状或马鬃状。云底阴暗混乱，起伏明显，有时呈悬球状结构。

积雨云常产生雷暴、阵雨(雪)，或有雨(雪)旛下垂。有时产生飑或降冰雹。云底偶有龙卷产生。

①秃积雨云(Cb calv)为浓积云发展到鬃积雨云的过渡阶段，花椰菜形的轮廓渐渐变得模糊，顶部开始冻结，形成白色毛丝般的冰晶结构。秃积雨云存在的时间一般比较短。

②鬃积雨云(Cb cap)为积雨云发展的成熟阶段，云顶有明显的白色毛丝般的冰晶结构，多呈马鬃状或砧状。

(3)层积云

层积云(Sc)为团块、薄片或条形云组成的云群或云层,常成行、成群或波状排列。云块个体都相当大,其视宽度角多数大于 5°(相当于一臂距离处三指的视宽度)。云层有时满布全天,有时分布稀疏,常呈灰色、灰白色,常有若干部分比较阴暗。层积云有时可降雨、雪,通常量较小。层积云除直接生成外,也可由高积云、层云、雨层云演变而来,或由积云、积雨云扩展或平衍而成。

①透光层积云(Sc tra)为云层厚度变化很大,云块之间有明显的缝隙;即使无缝隙,大部分云块边缘也比较明亮。

②蔽光层积云(Sc op)为阴暗的大条形云轴或团块组成的连续云层,无缝隙,云层底部有明显的起伏。有时不一定满布全天。

③积云性层积云(Sc cug)为由积云、积雨云因上面有稳定气层而扩展或云顶下塌平衍而成的层积云。多呈灰色条状,顶部常有积云特征。在傍晚,积云性层积云有时也可以不经过积云阶段直接形成。

④堡状层积云(Sc cast)为垂直发展的积云形的云块,并列在一线上,有一个共同的底边,顶部凸起明显,远处看去好像城堡。

⑤荚状层积云(Sc lent)为中间厚、边缘薄,形似豆荚、梭子状的云条。个体分明,分离散处。

(4)层云

①层云(St)为低而均匀的云层,像雾,但不接地,呈灰色或灰白色。层云除直接生成外,也可由雾层缓慢抬升或由层积云演变而来。可降毛毛雨或米雪。

②碎层云(Fs)为不规则的松散碎片,形状多变,呈灰色或灰白色。由层云分裂或由雾抬升而成。山地的碎层云早晚也可直接生成。

(5)雨层云

①雨层云(Ns)为厚而均匀的降水云层,完全遮蔽日月,呈暗灰色,布满全天,常有连续性降水。如因降水不及地在云底形成雨(雪)旛时,云底显得混乱,没有明确的界限。雨层云多数由高层云变成,有时也可由蔽光高积云、蔽光层积云演变而成。

②碎雨云(Fn)为低而破碎的云,灰色或暗灰色。不断滋生,形状多变,移动快。最初是各自孤立分离的,后来可渐并合。常出现在降水时或降水前后的降水云层之下。

(6)高层云

高层云(As)为带有条纹或纤缕结构的云幕,有时较均匀,颜色灰白或灰色,有时微带蓝色。云层较薄部分,可以看到昏暗不清的日月轮廓,看去好像隔了一层毛玻璃。厚的高层云,则底部比较阴暗,看不到日月。由于云层厚度不一,各部分明暗程度也就不同,但是云底没有显著的起伏。

高层云可降连续或间歇性的雨、雪。若有少数雨(雪)旛下垂时,云底的条纹结构仍可分辨。高层云常由卷层云变厚或雨层云变薄而成。有时也可由蔽光高积云演变而成。在我国南方有时积雨云上部或中部延展,也能形成高层云,但持续时间不长。

①透光高层云(As tra)为较薄而均匀的云层,呈灰白色。透过云层,日月轮廓模糊,好像隔了一层毛玻璃,地面物体没有影子。

②蔽光高层云(As op)为云层较厚,且厚度变化较大。厚的部分隔着云层看不见日月;薄的部分比较明亮一些,还可以看出纤缕结构。呈灰色,有时微带蓝色。

(7)高积云

高积云(Ac)为高积云的云块较小,轮廓分明,常呈扁圆形、瓦块状、鱼鳞片,或是水波状的密集云条。成群、成行、成波状排列。大多数云块的视宽度角在 1～5°。有时可出现在两个或几个高度上。薄的云块呈白色,厚的云块呈暗灰色。在薄的高积云上,常有环绕日月的虹彩,或颜色为外红内蓝的华环。高积云都可与高层云、层积云、卷积云相互演变。

①透光高积云(Ac tra)为云块的颜色从洁白到深灰都有,厚度变化也大,就是同一云层,各部分也可能有些差别。云层中个体明显,一般排列相当规则,但是各部分透明度是不同的。云缝中可见青天,即使没有云缝,云层薄的部分,也比较明亮。

②蔽光高积云(Ac op)为连续的高积云层,至少大部分云层都没有什么间隙,云块深暗而不规则。因为云层的厚度厚,个体密集,几乎完全不透光,但是云底云块个体依然可以分辨得出。

③荚状高积云(Ac lent)为高积云分散在天空,成椭圆形或豆荚状,轮廓分明,云块不断地变化着。

④积云性高积云(Ac cug)这种高积云由积雨云、浓积云延展而成。在初生成的阶段,类似蔽光高积云。

⑤絮状高积云(Ac flo)为类似小块积云的团簇,没有底边,个体破碎如棉絮团,多呈白色。

⑥堡状高积云(Ac cast)为垂直发展的积云形的云块,远看并列在一线上,有一共同的水平底边,顶部凸起明显,好像城堡。云块比堡状层积云小。

(8)卷云

卷云(Ci)为具有丝缕状结构,柔丝般光泽,分离散乱的云。云体通常白色无暗影,呈丝条状、羽毛状、马尾状、钩状、团簇状、片状、砧状等。

卷云见晕的机会比较少,即使出现,晕也不完整。我国北方和西部高原地区,冬季卷云有时会下零星的雪。日出之前,日落以后,在阳光反射下,卷云常呈鲜明的黄色或橙色。

我国北方和西部高原地区严寒季节，有时会遇见一种高度不高的云，外形似层积云，但却具有丝缕结构、柔丝般光泽的特征，有时还有晕，此应记为卷云。如无卷云特征，则应记为层积云。

①毛卷云(Ci fil)为纤细分散的云，呈丝条、羽毛、马尾状。有时即使聚合成较长并具一定宽度的丝条，但整个丝缕结构和柔丝般的光泽仍十分明显。

②密卷云(Ci dens)为较厚的、成片的卷云，中部有时有暗影，但边缘部分卷云的特征仍很明显。

③伪卷云(Ci not)为由鬃积雨云顶部脱离母体而成。云体较大而厚密，有时似砧状。

④钩卷云(Ci unc)为形状好像逗点符号，云丝向上的一头有小簇或小钩。

(9)卷层云

卷层云(Cs)为白色透明的云幕，日、月透过云幕时轮廓分明，地物有影，常有晕环。有时云的组织薄得几乎看不出来，只使天空呈乳白色；有时丝缕结构隐约可辨，好像乱丝一般。我国北方和西部高原地区，冬季卷层云可以有少量降雪。厚的卷层云易与薄的高层云相混。如日月轮廓分明，地物有影或有晕，或有丝缕结构为卷层云；如只辨日、月位置，地物无影，也无晕，为高层云。

①毛卷层云(Cs fil)为白色丝缕结构明显，云体厚薄不很均匀的卷层云。

②薄幕卷层云(Cs nebu)为均匀的云幕，有时薄得几乎看不见，只因有晕，才证明其存在；云幕较厚时，也看不出什么显明的结构，只是日月轮廓仍清楚可见，有晕，地物有影。

(10)卷积云

卷积云(Cc)为似鳞片或球状细小云块组成的云片或云层，常排列成行或成群，很像轻风吹过水面所引起的小波纹。白色无暗影，有柔丝般光泽。卷积云可由卷云、卷层云演变而成。有时高积云也可演变为卷积云。整层高积云的边缘，有时有小的高积云块，形态和卷积云颇相似，但不要误认为卷积云。只有符合下列条件中的一个或以上的，才能算做卷积云。

①和卷云或卷层云之间有明显的联系。

②从卷云或卷层云演变而成。

③确有卷云的柔丝泽和丝缕状特点。

注：附录 B、附录 C、附录 E—H 内容来源于《地面气象自动观测规范(第一版)》(中国气象局，2019)。